U0216377

林正焜 著

生物的"性"世界

认识生命科学必读的性博物志

漓江出版社

桂林

《生物的"性"世界:认识生命科学必读的性博物志》

作者:林正焜

中文简体字版 © 2016 年由漓江出版社有限公司出版、发行

本书经城邦文化事业股份有限公司【商周出版】授权,同意经由漓江出版社有限公司出版、发行中文简体字版本。非经书面同意,不得以任何形式任意重制、转载。

著作权合同登记号桂图登字:20-2016-077

图书在版编目(CIP)数据

生物的"性"世界:认识生命科学必读的性博物志/林正焜 著. —桂林:漓江出版社,2016.9

("蜗牛壳"科普系列)

ISBN 978-7-5407-7857-6

Ⅰ. ①生… Ⅱ. ①林… Ⅲ. ①生物科学-普及读物 Ⅳ. ①Q49

中国版本图书馆 CIP 数据核字(2016)第 154502 号

策　　划:刘　鑫
责任编辑:刘　鑫
责任营销:任停菁
内文排版:姜政宏
封面设计:赵　瑾

出版人:刘迪才

漓江出版社有限公司出版发行

广西桂林市南环路 22 号　邮政编码:541002

网址:http://www.lijiangbook.com

全国新华书店经销

销售热线:021-55087201-833

山东德州新华印务有限责任公司印刷

(山东省德州市经济开发区晶华大道 2306 号　邮政编码:253000)

开本:880mm×1 230mm　1/32

印张:9　字数:200 千字

2016 年 9 月第 1 版　2016 年 9 月第 1 次印刷

定价:32.80 元

如发现印装质量问题,影响阅读,请与承印单位联系调换。

(电话:0534-2671218)

一本对"性"最率真、最科学的讨论

于宏灿

　　我自美国学成回国到台大教书已经接近 15 个年头。每天需要处理的事务多如牛毛，最难的一件事，就是要决定处理的优先级。替林正焜写这篇序绝对是第一优先。倒不是因为林正焜是我的高中同学，或是死党之类。其实，毕业 32 年以来，我几乎不曾与他本人再相见过。我们高中念丙组，就是现在的第三类组，全班同学除了我以外，后来几乎全当了医生。我念了台大动物系之后出国留学念"演化*生物学"，自然是没什么机会与老同学见面。

　　知道林正焜近况，也不是和他会面，而是读了他写的书，《认识 DNA：基因科学的过去、现在与未来》和《细胞种子：干细胞和脐带血的故事》这两本。也算是和老同学的另一种"见

---

* 演化，即英文 evolution。中文译名存在争议，我国大陆地区一般译作"进化"，台湾地区一般译为"演化"。为符合大陆阅读习惯，本书简体版正文一般使用"进化"。——简体版编注。

面”吧！老同学会面，我最兴奋的事，不外是回忆当年。然而，和林正焜再“见面”，最兴奋的事，是他在做一件不寻常的事，是台大医科毕业的一般开业医不会做的。他在探索一个本业之外的领域，他在理解生物医学之外的生物学，这是何其大的志业。而且，在严肃的学术殿堂之外，这是很不寻常的尝试。最重要地，他做得真是太好了！

高中时，林正焜给我的印象是文质彬彬略带忧愁，有赤子心。他的书与众不同之处，就是有“赤子之心”。展现科学的重要条件，源始于对事物的好奇，作出仔细认真的观察，收集一手的资料，然后，分析作结论。使用的方法，可以简单原始，但都是实际的心路历程。他的书都符合这些条件。甚至，他还自己作插图，简单拙朴，但都是有效表达。在凡事“Powerpoint”的现代社会，林正焜告诉我们，“返璞归真”，才是我们最需要的！

（作者为台湾大学生命科学院动物研究所暨生命科学系教授）

你想知道却不好意思问的问题

严宏洋

　　2008 年 11 月 7 日我应邀在由台湾大学物理系暨天文物理研究所主办的"2008 展望秋季系列"做一个科普演讲，我给主持人孙维新教授的讲题是"你想知道却不好意思问的问题：生物的性生活与演化的关系"。这是我羁旅美国 23 年后，所想到的美国式的俏皮讲题，因而没预料会产生任何问题。没想到一接近演讲的日子，孙教授的秘书连续来了几次电话，告知有家长们来询问，演讲内容是否适合高中学子们？我个人甚至接到一位家长来电子邮件责问我，为何要做这种伤风败俗的演讲呢？这个事实所反映的是：我们今天的社会，仍然把有关性的议题当作禁忌，能够不提最好。但另一方面《缓慢性爱实践入门》（德永著；陈昭蓉译）这本书，却又是从 2008 年 11 月翻译发行以来，台湾金石堂书局连续四个月的畅销书之一。这个事实表露了我们的社会在公开层面避讳谈有关性的议题，但私底下却又到处在找关于这项议题的资料的矛盾心态。因而,有关性主题的科普书籍,应该是我们这个社会所急切需要的。

林正焜医师是一位在台中市开业的小儿科医师,业余则致力于科普书籍的写作。过去曾写过《认识DNA:基因科学的过去、现在与未来》以及《细胞种子:干细胞和脐带血的故事》这两本科普书籍。时隔三年,林医师再次推出《生物的"性"世界:认识生命科学必读的性博物志》这本议题很有挑战性的科普书籍。本书共有十二章,涵盖了以细菌、酵母、隐藻、果蝇、螳螂、蜘蛛、兰花、线虫、蚜虫、科莫多巨蜥、双髻鲨、鱼类等为模式研究生物,所获致的有关性及演化的知识。可是读者们不要错以为这是一本谈性行为细节的书籍,事实上这是一本谈生物生殖策略多样性,以及所牵涉到的基础学理的科普书籍。我个人在美国得州大学奥斯汀分校念博士学位时,所做的博士论文工作就是有关鱼类生殖策略的演化。因而读林医师这本书时,有一种温故而知新的感觉;同时也很佩服林医师在撰写本书时,所必须要花费的工夫。读者们只要花一点点钱,就可获得许多新知识,这会是对个人知识增长的最好的投资。

我在2009年2月7日的第二届"寻找科普接班人"科普写作研习营高雄场的演讲中,提到今天有许多人不爱看书,尤其是不看科普书籍这个事实,这或许与过去科普书籍艰涩难懂有关。林医师在这本书里,则是用很平易近人的白话口语方式，以很浅显的实例来解释深奥的生物繁殖现象与相关的理论。因而我要极力推荐这一本你想知道却不好意思问的性问题的上好科普书籍。

（作者为台湾"中研院"临海研究站研究员，台湾实验研究院海洋科技研究中心生物海洋组长）

目 录

除了爱与不爱，性还有什么？

　　刚刚步入性成熟阶段的生物，或是人类的青少年男女，有时候会苦于性的欲火。这是生物界的自然现象：只要是有活跃性腺的动物，就会有情欲，不管是鸟、是鱼，还是人。老子说："吾所以有大患者，为吾有身。"情欲，也是人生的一大患。生物必须面对生存竞争，因此繁殖之际必须有性，而性伴随而来的情欲就往往令人近乎疯狂了。就如自由思想哲人卢梭所写的："在激动人心的各种情欲中，使男女需要异性的那种情欲，是最炽热也是最激烈的。这种可怕的情欲能使人不顾一切危险，冲破一切障碍。当它达到疯狂程度的时候，仿佛足以毁灭人类，而它所负的天然使命本是为了保存人类的。"情欲是为了完成性的任务，也就是有性生殖，而进化出来的渴望与奖赏，有时候却成了大患，成了痛苦的根源。生命就是这么奇妙，总是在交互衍生、环环相扣的生物机制当中，摇摇摆摆寻求出路。从情欲衍生出来的产物，不论是情爱文字还是催情药剂，也都自有其趣味在。

　　但是，性不但不只是情欲的另一个名称，更有无比繁复的内涵，例如性的法律面、心理面、社会经济面、文化面、宗教面、医学面、生物面，等等。在每一个层面中，都有已经出现问题、仍待人类智慧解决的死角。作者对这些庞大的话题没有置喙的能力，只是试着探索性的生物面：性到底有什么功用？繁殖都要有性吗？当真有处女生殖这种事？有性生殖比无性生殖好吗？性别是固定的吗？以及介绍一种新奇的寄生细菌，看它如何以寄主的性为媒介争取生存空间；也有一些章节试着引介性别的话题：当今科学界对性别的自我认知有什么样的看法？性别意识究竟来自基因还是教养？性取向呢？终章则冀望读者能从进化的高度，宽心看待族群问题。

　　我近些年撰写了几本跟生命有关的科普书籍，一书介绍DNA，一书介绍干细胞，本书则以性为主轴，兼及简介达尔文如何用开阔的心胸看待这个世界，也是该系列的终曲。这三本书背负着我的两个愿望：一、但愿喜爱科学的读者能从书中得到一些阅读的乐趣，同时体验到科学文明浪潮扑身而来的震撼；二、但愿越来越多的人在听到"是什么""所以如何如何"的时候，要追究"为什么"，这么做便能让许多妖孽言论化为乌有。这些愿望或许太渺茫，却是我的肺腑之言。

作者 谨识

第一章

性，有时候是一种陷阱吗？

性爱大餐

亲爱的，要不要到我身边？来一段销魂的激情，让我拥有你的精华，留下你的灵魂，你升天吧！

开玩笑吗？当我是你的食物还是玩物啊！

可是，还真有一些生物，不知道那多么要命，就是要性。某些螳螂及蜘蛛就是最有名的例子，明知危险，也要交配。

螳螂和蜘蛛的爱与死

我们来看看著名的法国昆虫诗人法布尔（1823—1915），怎么描述一只雄螳螂的爱与死（图1-1）：

图 1-1 性食同类的螳螂

　　我无意中撞见了一对极其恐怖的螳螂。雄螳螂沉浸在重要的职责中，把雌螳螂抱得紧紧的，但是这个可怜虫没有头，没有颈，连胸也几乎没有了。而雌螳螂则转过脸来，继续泰然自若地啃着它温柔的爱人剩下的肢体。被截肢的雄螳螂竟然还牢牢地缠在雌螳螂身上，继续做它的事！

　　以前有人说过，爱情重于生命。严格说来，这句格言从没有得到这么明显的证实。脑袋被砍掉、胸部被截去，这么一具躯体仍然坚持要授精。只有当生殖器所在的部位——肚子被吃掉时，它才松手。

　　如果说在交配结束后把情郎吃掉，把那衰竭的、从此一无用处的小矮子当作美食，对这种不大顾及感情的昆虫来说，在某种程度上还可以理解；然而，还在进行交配的当时，就咀嚼起情人，则远超出任何一个残酷的人所能想象的。但是我却看到了，亲眼看到了，而且至今还没从震惊中回过神来。

　　（《法布尔昆虫记全集》第五册，引自远流文化中译版）

　　除了头部之外，螳螂的腹部也有一个神经中枢，等于有两个脑。这就是它在交配时，就算整个头都被吃掉了，还能继续授精一两个小时的原因（图1-2）。

　　除了螳螂，许多雌蜘蛛也有在交配时吃掉配偶的习性。例如，对黑寡妇家族成员之一的澳洲红背蜘蛛来说，身为男子汉，生命的极致就是性爱和死亡。幸运的雄蜘蛛还能在死亡之前完成交配，留下自己的种；不幸的雄蜘蛛则在交配前

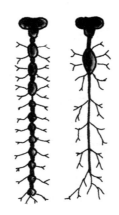

图 1-2　像蠹虫之类的原始昆虫，"脑"分散成好几节（左图）；
　　　　高等昆虫的"脑"则分散在头跟胸腹两个部位（右图）。
　　　　螳螂断头后还能交配，是因为胸腹部的脑还存在。

就被雌蜘蛛当成美味充饥了。身上有血色沙漏图案的黑新娘，
在交配之后会情不自禁吃掉新郎，寡妇的名字就是这样来的
（图 1-3）。

　　成熟的雌蜘蛛会散发诱惑的费洛蒙，"亲爱的，你在哪
里？要上我的床吗？"煽情的费洛蒙语言简直让雄蜘蛛难以
按捺。为了展示交配意愿，雄蜘蛛会像西班牙的吉他王子一样，
轻轻地拨弄蛛网，兴奋的身体忍不住颤抖着。经过一会儿半
推半就的前戏，开始正式交配，就在雄蜘蛛将精液注入雌蜘
蛛体内的同时，雌蜘蛛也将毒液注入雄蜘蛛的身体，等饿了，
再慢慢吃掉它。雄性红背蜘蛛和爱侣交配后，绝大多数都难
逃一死。少数侥幸逃过死亡之吻的雄蜘蛛，在交配后蹑手蹑

图 1-3　黑寡妇，一种性食同类的蜘蛛

脚逃离现场，等待填满另一个储精槽的机会。有人统计出来，每次交配，有三分之二的雄蜘蛛变成雌蜘蛛的食物；八成以上的雄性红背蜘蛛，不是在首次交配时葬身雌蜘蛛编织的爱与死的网床中，就是稍后被猎食者谋杀，能有第二次交配机会的雄蜘蛛不到两成。

雄性的对策

雄性黑寡妇蜘蛛当然不能坐以待毙，纵使摆脱不了无情的宿命，为了生存，它们得发展出一些办法来面对。例如为了增加成功繁殖后代的机会，雄性红背蜘蛛会根据周围雌性红背蜘蛛的成熟情况，调节自己的生长速度。在实验室中，雄蜘蛛闻到成熟雌蜘蛛的气味，会加快成熟，就是为了尽快交配。若没有成熟的雌蜘蛛出现，则慢慢地成长，储备时间和精力，好等待或寻找异性伴侣。

红背蜘蛛有两套设计精巧的性器官，用通俗的话来说，就是雄的有两支阴茎，雌的有两个阴道——分别通向两个储精槽。每次交配的时候，雄红背蜘蛛只有一个性器官可以将精液注入雌蜘蛛单边的储精槽。雄蜘蛛射精后，除了精子，另外还分泌黏稠液体阻塞阴道，甚至留下阴茎尖端的刺，卡住阴道，让后来者只能草草交配了事。

有一种圆网蜘蛛，雄蜘蛛会在交配过程中突然暴毙，留下自己的尸体给遗孀饱餐一顿，但是身体整个被吃完了，整支阴茎仍塞住阴道，阻绝其他雄蜘蛛尝试交配的通道。雌蜘蛛两个储精槽里的精子有同等机会制造下一代，但如果同一个储精槽先后有两位访客，九成以上的小蜘蛛便是先到者的种，可见众精子进入雌蜘蛛体内之后，一边竞赛看谁跑第一，一边还要组成联合阵线，打击主要敌人。就雄蜘蛛的立场而言，当然爱侣最好只专心孵育自己的种。尤其都贡献了自己的肉身，充当孵育下一代所需要的营养，就更不能容许别家的精子妄想入侵。

有位研究者曾经统计，被雌蜘蛛吃掉的雄蜘蛛，比没被吃掉的雄蜘蛛，留下了较多的后代，大约多出四成。理由可能是没有吃掉雄蜘蛛的雌蜘蛛处于饥饿状态，繁殖能力比较差。或是如有些研究者指出的，被吃掉的雄蜘蛛的性交时间是没被吃掉的雄蜘蛛的两倍长，因此留下的后代也是后者的两倍之多。交配时间长，增加了受精的成功机会，但是这当中的男主角也许是疏于警觉，或是比较耽溺于性的欢愉，因此让自己长时间处于生命攸关的危机之中。

还有一个可能性：如果性爱是雌蜘蛛为了填饱肚子而设下的饵，被性食的雄蜘蛛便能让雌蜘蛛先饱餐一顿，让它不必急着用同样的方法引诱其他对手，这么一来，就可以提高自己的精子找到生命出路的机会。

科学家在澳洲红背蜘蛛身上观察到一个现象，有些澳洲红背蜘蛛进化出一条类似腰带的肌肉，多了这条束腹肌的雄蜘蛛身手比较矫健，交配的机会比较多，交配后逃命的机会也比较高。就算被雌蜘蛛咬伤，被咬到要害的机会降低了许多，伤口流出的体液也减少了，得以保住小命再填满另一个储精槽。美洲的西方黑寡妇，性交时雄蜘蛛被吃掉的机会不像澳洲红背蜘蛛那么大，它们就没有发展出这个装备。雄蜘蛛发展出这一条束腹肌，成了武林高手，我们且拭目以待，看这一条肌肉究竟能增加多少生存的能力。

为什么要性食同类？

蜘蛛或螳螂这种"爱你就要吃掉你"的习性，科学家称之为"性食同类"。有些人认为，这只是饥饿的肉食性动物想吃东西的冲动，或者主张除了饥饿，主要原因还是为了养

育健壮的下一代。也有人逆向思考，认为性食同类根本是雄
性动物的阴谋，雄性动物以自己的肉体为饵，牺牲肉身来换
取异性青睐，算是狠招。

看了螳螂和蜘蛛的性史，我们多了一个为生而为人庆幸
的理由。

回头看螳螂，到底雄螳螂在性食同类这个行为里面扮演
什么角色？是同谋吗？或者完全是受害者？毕竟如果雄螳螂
没有被吃掉的话，它还有机会通过交配留下自己的基因。

之前已经有实验证实，饥饿的雌螳螂比饱食的雌螳螂更
会性食同类。科学家进一步发现，面对饥饿的或刚吃完一只
蟋蟀的雌螳螂，雄螳螂更乐于接近饱足的雌螳螂；接近饥饿
对象时则小心翼翼，得从远一点的地方一跃而上爱侣的背，
让自己不被逮到。交配结束后，雄螳螂会花费较长的时间下
来，如临深渊、如履薄冰，唯恐被螳臂掐住。从这一点看来，
螳螂的雌雄两性之间有严重的角色冲突。在危机四伏的性爱
当中，雄螳螂必须兼顾准确的射精与逃命，就像棒球选手必
须准确地打击与上垒，一个疏忽就会出局一般，雄螳螂跟雌
螳螂之间，也存在这种敌对的关系。换句话说，雄螳螂不是
因为父爱，或为了种族的生存才牺牲自己，拿这些理想情操
来解读大自然是没办法服人的。

性食同类的行为会留存下来，必定有个让螳螂比较能适
应环境剧变的理由。也许有人主张，雄螳螂既然完事就想走，
不为养家活口操劳，雌螳螂留它何用？当然是拿它当作食物。

不过这是个倒果为因的想法，既然你要吃我，我当然顾不得家庭责任了。真正的理由是性食同类对于物种的存活有加分效益。或许曾经几度在饥荒的年份，以捕食小动物维生的螳螂，因为在交配时吃掉雄螳螂而逃过饿死的命运。雌螳螂既可以通过性来繁殖，又可以借着性的诱惑捕捉食物，因此手上多了一种度过险恶环境的武器。而不会性食同类的螳螂，或许因为没能熬过某一次环境剧变，便遭淘汰，于是会性食同类的螳螂地盘逐渐扩大，数量逐渐增加。

另一方面，雌螳螂要的到底是什么也是一个有趣的谜。有人甚至估计，在几种会性食同类的螳螂中，雌螳螂的餐盘里约有三分之二是雄螳螂，真是骇人的数字！在这些雌螳螂释放费洛蒙迷香的时候，它究竟要的是什么？是爱，是性，还是一顿大餐？它们难道不会过度性食同类吗？它们当然不明白，吃光了雄螳螂是多么严重的事，说不定可能造成灭种。但是大自然是十分睿智、力量十分强大的：灭种之后，过度性食的行为也就消失了。能存活的物种，一定不会过度性食同类。

性的目的是繁衍。纵使有时候性被拿来当作一种捕食的陷阱，也是为了增添繁衍的机会。

兰花色诱

为了吸引异性，众生物得想尽办法，可说是到了无所不用其极的地步。美妙的歌声、艳丽的外表、强壮的体型，甚至傲人的财富，这些都已经是动物界司空见惯的手段，不足为奇。而缺乏这些条件的生物也会装扮成不同角色，猥猥琐琐，取得繁衍的机会。

在求偶的舞台上，"植物"无疑是要矜持得多的演员。我们很难想象植物要如何打扮得妖娇美丽，吸引异性的青睐。而且异性就算被吸引了，又能如何？

兰花打扮妖艳可以增加交配机会吗？

对一只没有经验的雄蜂来说，极目之所及，大概专为锁定蜂之公主而寻寻觅觅吧？想象一只初出茅庐的雄蜂，在旷野孤独飞行。这只青涩、性致勃勃、充满行动力的飞行动物，突然间眼睛一亮，哇！多么香、多么魅惑的身影啊！它奋力往前直冲，然后曲曲折折逼近，触及"她"的体毛，骑上去，啊……为了这一刻，就算是冒着生命危险也在所不惜。可是，感觉不太对劲？怎么尝试，就是没办法交尾。哎呀，搞错了，这不是公主，是一朵兰花。

原来是绿色蜘蛛兰（图1-4）。花朵在春天绽放，这时

图 1-4　长得像、闻起来也像雌蜂的蜘蛛兰

候蜂公主还没离巢寻觅配偶，雄蜂却早已经不安于室了。携带花粉能力很强的雄地蜂，在遇到真正的、成熟的雌地蜂之前，很可能被一种蜘蛛兰的花朵所魅惑，于是就在一阵迷惘中成了授粉的媒介；先是沾得满头满脸的花粉，过一会儿，又会把这些花粉传给它下一个误认的对象。

　　雄蜂一般是不工作的，交配是生存唯一的目的；而这种兰花不会分泌蜜汁，它报以雄蜂的，是点燃如火的热情，和迷惘。于是经过一场尔虞我诈的假性交，动物没有损失，植物也因此以性的气味和外表促成了交配的使命。这出戏码当然是天择，但不是性择，因为花吸引的不是异性的花，而是没有经验的蜂。

　　利用性的气味吸引蜂来传递花粉，和利用花蜜来交换蜂的劳力，有什么不一样的效果吗？最主要的差异在于许多花朵都有花蜜，一只搜集花蜜的昆虫可能穿梭在不同种类的花朵之间，往往没办法正确地带着花粉到另一株同种植物上，就这么白白浪费身上的花粉。性的气味就不一样了，会利用雌蜂气味的植物不多，发春的雄蜂在追逐雌蜂气味的过程中，可以正确地将珍贵的花粉送达同样会模仿雌蜂的、同种的兰花。兰花省下制造花蜜的精力来制造吸引雄蜂的强力春药，完成更精确更不浪费的交配。

　　研究植物的科学家发现，兰花是植物界中少见的以欺骗为手段达到交配目的的物种。在总数 3 万多种的兰花植物中，高达三分之一不会回报营养丰富的花蜜给帮助授粉的昆虫，其中约 1 万种兰花会以外形仿冒其他能供应花蜜的花朵，来引诱昆虫。另外有 400 种兰花，就如早春的蜘蛛兰一般，模拟雌性昆虫的外表和费洛蒙，对雄性昆虫散放性的诱惑。

强力春药费洛蒙

　　几年前，瑞士生物学者席斯特尔（Florian Schiestl）设法找出假冒雌性昆虫的兰花如此富有吸引力的原因。尽管花朵的样子和细细的绒毛很像雌蜂，但是能吸引雄蜂大老远飞来的，肯定是气味。只是一株植物可以制造上百种有气味的化学物质，其中有些物质用来驱逐猎食者，有些物质用来抑制细菌生长，真正用来吸引授粉雄蜂的，不知道是哪一种。

　　席斯特尔相信，雄蜂的触角是最主要的传感器，因为触角上布满了数以百计的受体，一旦接受到化学物质刺激后，会分类和传递电讯到大脑，在大脑里转变成意义。席斯特尔从雄蜂着陆的兰花唇瓣萃取物质，然后利用色层分析法纯化各种物质。他取下雄蜂的触角，让触角跟兰花的化学物质成分接触，如果某一个成分可以结合到触角上的受体，便可测量到触角释放的微小电流。

　　通过这种方法，席斯特尔发现，兰花用来引诱雄地蜂的神秘香水是由 14 种成分所组成，这些成分常见于许多植物的蜡质表面，雌的地蜂也是用同样的配方吸引雄蜂的性趣。蜘蛛兰利用这些化学物质组成各式配方，宛如香水师巧妙的戏法，其中让雄性地蜂引发性想象的配方，造就了更高的繁衍机会。于是在逐渐突变、修改的历程中，兰花的气味终于有效地使雄蜂真假莫辨，让雄蜂在不知不觉中成为兰花授粉的媒介。

　　研究基地设于瑞士的地球植物研究所和席斯特尔团队，进一步利用澳洲的兰花做研究，这次他们挑选了一种鸟兰，鸟兰戏弄的对象是一种黄蜂。研究结果让他们吓一大跳，因为鸟兰不仅利用植物原有的成分重新配制迷魂香水，还进一步制造一种完全不同的新成分，现在称为鸟兰酮，正是雌蜂制造费洛蒙的成分。研究所还发现，有一种蜂兰的绝技更是令人惊叹：这种蜂兰模仿雌蜂的功力，竟然让雄蜂在面对蜂

图 1-5　这是一种胡蜂，雄蜂（左）和雌蜂（右）的样子差很多，
　　　　除非看到它们正在交配，否则看不出它们是同一个物种。
　　　　这种胡蜂在澳洲俗称蓝蚂蚁，像吗？

兰和真正的雌蜂的时候，弃雌蜂而选择蜂兰！

　　不过强力春药也会让黄蜂产生危机。在雄蜂心急如焚陷
入兰花摆下的费洛蒙迷魂阵之际，雌蜂在哪里？它可能就在
这些兰花下面！几种花间黄蜂的雌蜂是不长翅膀的，甚至有
种黄蜂干脆就被取名为蓝蚂蚁（图 1-5），雌蜂的外形跟雄蜂
很不一样，反而像是一只蚂蚁。有些品种的黄蜂，雄蜂有翅，
雌蜂无翅，长相很奇特，我们除非看到正在交配的一对，否
则不一定有办法认出它们属于同一个品种。生活在泥土里的
无翅雌蜂正释放费洛蒙，一方面吸引雄蜂前来传宗接代，另
一方面也需要雄蜂带它前往别的地方，因为这里已经没有食

物来源了。但是雄蜂沉醉于上头的迷魂阵，闻不到雌蜂的所在，因此雌蜂为了生存，不能坐以待毙，必须想办法制造效果不一样的费洛蒙。

诱惑与进化

当兰花突变产生不同以往的新气味时，昆虫因为对气味极端挑剔，原先热衷于追求的昆虫不再光顾，突变使植物失去借由昆虫帮助授粉的机会，甚至无法繁衍；但是突变的新气味也可能引来新顾客，于是突变以及没有突变的兰花，各自吸引了不同的追求者，两株植物渐渐失去共同的媒介，于是突变种逐渐与原种隔绝，很快就会形成新的物种。

进化学者皮可（Rod Peakall）彻底研究了澳洲所有 30 种鸟兰当中的 10 种，他在一些地区发现一种奇特的现象：拥有相同的外表、存活地及花期的两种兰花，基因检测却显示它们属于不同种，而且没有混种的情形。深入追查之后发现，它们之间的差异就在于费洛蒙。不一样的费洛蒙吸引不一样的授粉昆虫，壁垒分明，因此维持了物种的疆界，基因没有流通，也就不会产生混种的兰花。

当年达尔文搭乘小猎犬号周游世界，发现加拉帕戈斯群岛各个小岛上的陆龟已经进化出不同的特色，因此推论地理的隔绝是产生新物种的原因。如果皮可能够证实这两种兰是在一样的地理条件下由共同的祖先进化出来的两个物种，而不是来自不同的地域逐渐长得相像，那将是物种在同一地域也可以发生物种形成的难得例证。

　　研究伪装的兰花，除了可以澄清"到底有没有同域性物种形成"这个问题以外，还可以让我们思考另一个进化上的问题：雄蜂在这桩诈骗案中得到什么好处？为什么它愿意像傻子一样参与整件阴谋却没有任何物质上的回报？换句话说，在进化的长河里，当一种比较聪明、有能力识破兰花阴谋的雄蜂出现时，它就可以节省精力从事有益于繁衍蜂族的活动。聪明的基因流传下来了，于是一代一代的蜂群渐渐不容易上当，最后让这种伪装兰灭种。但事实并非如此，伪装的兰花和雄蜂构成了你情我愿的关系。由于纯情的雄蜂数量多于待嫁雌蜂许多倍，很多雄蜂根本没有交配的机会。这个例子很可能表示，傻里傻气、兴冲冲的年轻雄蜂比精明辨识、不随意浪费精力的雄蜂更有繁衍的机会。"快乐"也许也是一种有利于物种生存的因素！

第二章

命定的性，命定的阶级

蜂、蚁性史

北欧有一种古老的风俗，新婚的夫妻婚后每天都要喝上一杯蜂蜜酒，持续一个月，这就是"蜜月"一词的起源。虽然我们没有这个习俗，但是蜂蜜还是大部分家庭常备的食品。

除了制造蜂蜜以外，蜜蜂也是人类重要的朋友。它们对人类最大的贡献是帮蔬果农作物授粉，而不是制造蜂蜜（图2-1）。美国每年经过蜜蜂授粉而生产的水果、蔬菜及核果种子产值大约有一两百亿美元；此外，美国人有三分之一的食物是仰赖蜜蜂授粉而来。在欧美，有许多养蜂人会带着一整

图 2-1　蜜蜂，为谁辛苦为谁忙？

车蜂箱，让蜜蜂到农家帮助农作物授粉，蜜蜂授粉是养蜂人的主要收入，贩卖蜂蜜的收入反而微不足道。

在亚洲，蜜蜂也是重要资产。中国台湾地区经济饲养的蜜蜂是1910年日本人从欧洲引进的西方蜂，也称为意大利蜂。台湾原生蜂种则属于东方蜂，野蜂蜜就是东方蜂酿造的蜜。台湾养蜂业的风光时期是在1970年代，当时日本向台湾地区高价购买大量新鲜蜂王浆，蜂农因此赚了不少钱。后来，中国大陆和泰北地区的产品逐渐取代台湾蜂蜜产品。目前台湾养蜂业已经回稳，蜂蜜、蜂王浆及花粉为主要产品。

养蜂最怕会让蜜蜂突然大量死亡的瘟疫。2006年最后三个月到2007年初，美国蜂群的数量仅剩二十五年前的一半。学者称这种惨况为蜜蜂的"群落瓦解症"，特征是蜂箱附近没有多少尸体，里面粮食充足，但是成蜂却消失了，蜂箱里只剩蜜蜂幼虫。别的蜂群也不会来夺取存粮，即使蜜蜂的天敌"腊螟"或叫作"蜂箱小甲虫"的害虫，也不再来袭击。景象肃杀，就好像仇家登门报复、怨气深重。造成群落瓦解症的病因并没有定论：微生物、农药、气候、基因改造作物、电磁波，都是可疑的原因，但都没有足够的证据。

蜜蜂家族巡礼

蜜蜂一生群居，一个蜜蜂的群体通常由几万只工蜂（都是雌蜂）、十几到几百只雄蜂，和一只蜂后组成（图2-2）。

图 2-2　一个蜜蜂社群由一只蜂后（左），十几只雄蜂（中），和
　　　　上万只工蜂（右）组成。

我们都很怕被蜜蜂针螫，但是并不是所有蜜蜂都有针：雌蜂有，
雄蜂就没有。

　　产卵是蜂后的天职。产卵时它会非常专注，宛如被附身
的躯壳，甚至没办法照顾自己，因此会有五到十只工蜂在一旁，
一点点一点点地喂给蜂后特制的食物。蜂后产卵的同时，会
分泌费洛蒙，让工蜂心甘情愿执行任务，而不会想要自己生殖。
蜂后的费洛蒙分成很多种，最主要的一种是颚腺分泌的"癸
烯酸（9-ODA）"，又称为"蜂王质"，这种费洛蒙不但能
吸引雄蜂前来交配，还能让工蜂的卵巢不要发育，使唤工蜂
供应食物，维持蜂群正常运作，让王台里面的公主不急着想
成为蜂后等。癸烯酸费洛蒙的含量，和蜂后的年纪、是否交配，
以及季节有关，这种化学物质拥有控制蜂群心灵的神奇力量。

蜂后利用费洛蒙管理蜂群。当它储精巢里的精子即将用尽时，产卵的任务便接近尾声，这时它的癸烯酸费洛蒙越来越少，工蜂会开始挑选几个最近产出的卵，把它们放置在特别的育婴室（王台）里成长。这些被挑选出来的卵都是未来的准蜂后，必须终生喂食一种经过工蜂特殊加工产生的唾液——蜂王浆，而其他幼虫则只会哺育三天蜂王浆。蜂王浆具有抗氧化作用，吃了蜂王浆的蜂后和工蜂可以延长寿命。

结婚式

新蜂后羽化之后，会先巡视蜂巢一遭，并且一路破坏其余的王台，登基为王。然后挑一个风和日丽的吉时良辰，飞离蜂巢到附近的空中，释放费洛蒙，吸引没有血缘关系、数以百计的雄蜂前来交配。经过一番竞逐，只有少数几只雄蜂可以跟新娘一边飞翔一边交配，这个动作称为“婚飞”。

纵使空中演奏的是浪漫的飞行结婚式管弦乐曲，但是舞池里的实况却不是那么诗意：交配后雄蜂捐出自己腹腔里的器官——精囊，随即死亡（图 2-3）。因此活着的雄蜂都是处男。夏天过后，工蜂为了节省粮食，还会负起消灭雄蜂兄弟的任务。

取得足量精虫的蜂后现在可以开始产卵了。产下的卵有些是没有受精的，这些没有受精的卵孵化后，会长成雄蜂，因此雄蜂只有一套染色体（1n），称为单倍体。而受精卵则孵化成雌蜂，有两套染色体（2n），称为双倍体（图 2-4）。

图 2-3　蜜蜂的爱与死

蜂巢里绝大部分是雌蜂：没有生育力的雌蜂长大后成为工蜂；
少数由蜂王浆哺育长大的雌蜂有生育能力，其中一只以后会
成为蜂后。

　　春天百花齐放，蜂巢挤满了蜜蜂，工蜂采回来的食物没
有地方储存，蜂后便带着一窝蜂另外筑巢（分封），原来的
地方则留下给它的女儿接棒。其中一个取得统治权的女儿，
会挑一个风和日丽的吉日良辰举行婚飞仪式，然后带着新郎
们的遗爱回来，开始在暗无天日的宫殿里夜以继日生殖。

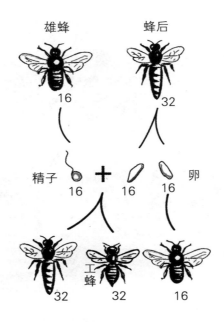

图 2-4 蜜蜂的性别,由染色体有几套来决定。雄蜂只有一套 16 条;雌蜂,包括蜂后和工蜂,都有两套共 32 条。

基因互补才能发育成雌蜂

蜜蜂的命运随着性别的差异有很大的不同,蜂后疯狂地产卵,工蜂终日操劳,雄蜂一生不是等着交配就是等着死亡。这些社会角色是由什么决定的?基因。决定蜜蜂命运的基因(csd 基因)就是蜜蜂的性基因。到现在为止,已经发现的蜜蜂的性基因有 19 种版本。一个受精卵要成为雌蜂,必须要拥有两个版本不同的性基因;没有受精的蜂卵只有一套染色体,因此只有一个性基因，这种蜂卵孵化出来的是雄蜂；含有两套染色体的蜂卵，如果它的两个性基因恰好是相同的版本，孵化出来的也是雄蜂，不过这些雄蜂并不是"超级"雄性，反而没有生育力。更惨的是，一旦拥有两套染色体的雄蜂被工蜂发现，便会被杀掉，免得浪费粮食。

蜜蜂的性基因可以制造蛋白，而且跟果蝇的性基因（*tra*）制造的蛋白有一段雷同，可知这一部分蛋白在不同生物的性别决定上，扮演着同等关键的角色。科学家发现，不同版本的蜜蜂性基因，蛋白产物的差异很大，有的是其中一段氨基酸改变了，有的是一段氨基酸搭配反了。由于这些基因变异太大，丧失了一些能力，结果单独一个版本的蛋白产物没有办法启动决定性别的开关。唯有不同版本的性别基因一起合作，发挥互补的功能，才足以展开制造雌蜂性器官的大业。互补，是创造雌蜂的秘术。

科学家认为，两个不同版本的性基因所产生的蛋白质，形成一个决定性别的单元，这个单元是一把总钥匙，可以启动一连串的、建造雌性生殖器官所需的基因，让它们逐一开启，就像汽车厂的生产线一样，制造出精密的器官。如果只有一种性基因，制造出来的会是没有用的总钥匙，孵化出来就会是雄蜂。科学家关闭受精卵两个性基因中的一个（利用 RNA 干扰技术），原本应该发育成雌蜂的受精卵会发育成雄蜂。

野生蜜蜂在准蜂后招亲的时候，会在旷野婚飞交配。交配的对象是不同社群的雄蜂，因此通常可以交配到不同版本的性基因。家养蜜蜂经常是近亲交配，交配的对象甚至就是亲兄弟。这样一来，产出的受精卵的两个性基因有一半的机会属于同一个版本，以后孵出来的是没有用的雄蜂；但蜂农要的却是工蜂（雌蜂）。这个问题时常困扰蜂农，原来解决的办法就是避免近亲交配。

表 2-1：蜜蜂家族

	蜂后	雄蜂	工蜂
体型	大	中	小
一个蜂群有	1 只	十几到数百只	几千到几万只
寿命	约两年	春季 20 到 30 天，夏季 90 天，交配后就死	夏季 20 到 40 天（工作到死），冬季 140 天
性别	雌	雄	雌（但无法生殖）
染色体	两套（32 条）	一套（16 条）	两套（32 条）
功用	新蜂后会杀死有生殖能力的姊妹及失去生殖能力的母亲，释放费洛蒙，交配，产卵(每天 1500 颗，每年 20 万颗)	交配，婚飞时一只蜂后和十几只雄蜂交配	筑蜂巢、照顾幼虫、照顾雄蜂及未来的蜂后、清洁及护卫工作、采集及加工花粉花蜜、采蜡、筑王台、立新蜂后

豆知识

发现蜜蜂孤雌生殖之秘的奇才

受精的卵孵化成雌蜂，没受精的卵孵化成雄蜂。没受精的卵也能孵化，实在是一件很不寻常的事情。从没受精的卵发育成正常的新生命个体叫作孤雌生殖。那么，蜜蜂的孤雌生殖是怎么被发现的？

早在 1845 年，波兰的齐尔聪（Jan Dzierzon）就提出了蜜蜂性别决定理论：雄蜂是由没受精的卵发育来的，而蜂后和工蜂则是由受精卵产生的。在那个年代，不管是达尔文的《物种起源》（1859 年出版）还是孟德尔（Gregor Mendel）的《遗传学说》（1865 年出版）都还没问世，身兼神父和养蜂人的齐尔聪却已经有这么正确的见解，令人不禁佩服欧洲科学教育的根基之深远！下面这一段话是我从齐尔聪的书中翻译的，原文是一整段，为了方便阅读，译文分成几个小段：

以往对于有些雌蜂（不管是蜂后还是工蜂）只能生产雄性蜂卵的解释，是假设那是受精不完全的结果，因为根据布什的说法，蜜蜂在蜂巢内交配，或根据胡伯的见解，交配的时候遭到妨碍，就会产生雄性蜂卵；但是并没有证据支持这些推测，而且，若仔细检验，就会发现这种说法显然站不住脚。

受孕这件事从来不曾在蜂巢内发生。不管雄蜂数量有多少，如果因为天气或时令不对，年轻的蜂后没有飞出去，就不会受孕。在蜂巢内蜂后跟雄蜂根本没有配对的意向；如果雄蜂在巢内展现热情，蜂后在一堆追求者之间会无法休息。

通常只要年轻的蜂后能够婚飞，就可以完成受精。婚飞，在温热的夏季最多有一整个月的机会可以进行；而凉爽的春秋两季，生命和发育都有较多休息的机会，则有五到六周的时间，或更久。实在没有理由说明为什么会受精不完全，也无法说明不完全受精的蜂后只能繁殖雄蜂。

实情是，只能繁殖雄蜂的妈妈不是根本没有受孕，就是受孕没生效或失效了，因为孵出雄蜂的蜂卵不必受孕；它们在离开妈妈的卵巢时就带着生命的种子，而且是雄蜂的种子，这正是不必受精就能孵出雄性的主要理由。但是如果卵子在通过输卵管的时候，有一只来自储精囊的精子进入它里面，就会转变成工蜂或雌蜂的种子。这番说明包含了迄今看似无解的所有问题的答案。

所以决定蜜蜂性别的因素就很清楚了，受精卵发育成工蜂和蜂后，它们都是雌蜂；没有受精的卵发育成雄蜂，它们的母亲是没有受孕的雌蜂，或是受孕但精子没有进入卵里面的雌蜂。也就是说，蜂后通过孤雌生殖制造雄蜂。人类呢？不论女人还是男人，我们的染色体都是两套，成熟的精子或卵子则只有一套。精卵结合成受精卵，才会发育成人。若以这样的标准来看，雄蜂根本就是一团飞翔的精子。

昆虫诗人法布尔也观察到一个有趣的现象。他发现，雌蜂产卵的时候，会一边产卵一边决定性别：如果蜂室够大，就产下雌性的卵，如果蜂室比较小，就产下雄性的卵。这样看来，蜜蜂受精以后，要不要让精子和卵子合为一体也许是蜂后可以控制的，或者蜂后有办法分辨、挑选肚子里面的卵。

像蜜蜂这样决定性别的办法，也就是只有一套染色体（单倍体）是雄性，有两套（二倍体）则是雌性，可称之为单双倍体系统。在自然界里，除了蜜蜂以外，胡蜂、蚂蚁和松木林最怕的蠹虫、农作物主要害虫牧草虫（蓟马）、西红柿最主要的害虫粉虱、蜱螨以及轮虫，也是利用这个系统决定后代的性别，其中有些也保有"真社会性"，也就是少数专责繁殖，大多数专责工作。

蚂蚁的性和阶级

在昆虫世界里，蚂蚁是一种高级的真社会性动物，它们必须形成聚落才能生存。蚂蚁可以分为雄蚁、雌蚁、工蚁三大类。雄蚁和雌蚁在交配期会长出翅膀，交配后不久雄蚁便死去，雌蚁则翅膀脱落，开始营巢、产卵。

最早生出的一批卵，从孵化到长成全都由蚂蚁妈妈亲自照料，这些小家伙的食物都来自妈妈的身体，相当于哺乳动物的乳汁。随着时间推移，小蚂蚁慢慢成长，所有的家事转由它们承担，这时妈妈成为家族中专门负责产卵的蚁后。

蚁后每天产卵的数量大约在 500 至 1000 粒左右，一只蚁后一生能生产几十万个卵。交配后产下的卵不一定会受精，受精卵（2n）发育成雌蚁，没有受精的卵（1n）则发育成雄蚁。雌蚁中只有极少数具有生育能力，它们长大后会自立门户；那些不能生育的雌蚁就成为工蚁。雌蚁的染色体数目依品种而异，有的多达 56 条，有的只有 2 条，由此可知，有些品种的雄蚁只有 1 条染色体，是染色体数目最少的动物。

有一种收获蚁（图 2-5），要形成群落的时候，蚁后必须跟两种不同基因型的雄蚁交配：其中一种基因型让后代长成雌蚁，另一种基因型则让后代长成工蚁。因此整个蚂蚁群落的构成是由一个妈妈配上两个爸爸产生出来的，缺一不可。我们可以说这种蚂蚁有三种性别。

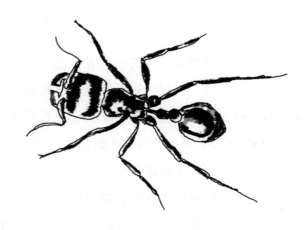

图 2-5　收获蚁

　　社会角色通过 DNA 从父亲继承，算是特例。其他社会性动物没有这么明确的遗传政治。决定雌性蜜蜂是蜂后还是工蜂的，是营养，不一样的营养内容启动不一样的基因；可是收获蚁的角色却由血缘决定。回顾人类的社会，比较古老的文明有种姓制度，有封建制度，贵族、贱民等名称在历史上屡屡出现，不过那些都是等着被打倒的阶级思想。如果阶级被写进 DNA，是一件让人多么无力的、残酷的事啊。不过谁知道，也许真社会性动物的阶级就是基因决定的呢！

性、阶级与进化

　　蜜蜂或蚂蚁的阶级生活叫作"真社会性"，这个词指的是有些动物在它们的生活当中已经发展出专业分工的角色：其中有的只负责繁殖，有的只负责照顾，而且照顾的对象是别的个体的后代，整个社会由至少两代构成。它们的社会，建构在绝对不平等的性与阶级的根基之上。我们最熟悉的例子包括蚂蚁、蜜蜂、胡蜂、白蚁等，它们的社群都是由一个或几个负责繁殖的母后和许多不会生育的工农兵大众组成。同样具有真社会性的动物还有某些蚜虫、牧草虫、海里的卡达虾，甚至进化程度比较高等的哺乳类动物裸鼹鼠也是。

真社会性动物

　　真社会性动物的社群整个合起来就像一个生物体。有人说那是超级有机体，意思就是一个社群像一个个体，只是没有打包在一起。我们身上的细胞也有严密的分工，白血球负责治安与国防，骨骼肌肉神经负责劳动，这些细胞完全没有绵延不绝繁衍的机会，繁衍的工作交给生殖器官负责。人体的细胞借由细胞素、荷尔蒙、神经冲动等手段传递信息；蜜蜂也有许多沟通的办法，例如负责采集花蜜的蜜蜂找到食物回巢以后，会跳一套精密的舞蹈，把距离、目的地的太阳角度等信息告诉伙伴们，伙伴们就知道怎么前往食物的来源，采集花蜜和花粉。负责采集花蜜或花粉的蜜蜂没时间在蜂巢内做加工的工作，如果卸货的速度变太慢，表示加工区人手不足，鼓吹采集的舞步会变换成号召加工的舞步，就会有许多工蜂过来帮忙，以免采集回来的食物来不及处理。真社会性动物组成分子之间的信息管道，基本上跟生物体的组成很类似，就差有没有一个皮囊把组成分子兜拢在一块。

　　真社会动物跟人体的组成还有几个不同点。工蜂一开始的事业是在蜂巢里，喂食幼虫、处理食物、修补蜂巢；渐渐长大后事业重心逐渐往外移，转为采集花蜜或花粉。人的细胞就没有这种角色变动的情形，因此人的细胞在功能上、空间的分布上，都比蜂群的蜜蜂固定。另外，人有一个意志中枢——脑；蜂群则没有一个意志中枢，蜂后是生殖中枢，它不必管哪里有食物，手下要怎么调配之类的事务，这些事蜂群会自动微调。

造就真社会性的力量

是什么样的力量，让组成真社会性动物社群的个体，例如一只不会生殖的工蜂，完成牺牲小我成就大我的使命？这种组成真社会性的力量，必定要能够让工农兵通过生殖以外的渠道，把跟自己身上相同版本的基因流传到下一代。如果工农兵牺牲小我的后果是小我的基因没有办法流传下去，这个阶层就会灭绝，构成真社会社群的阶级结构也就瓦解了。

达尔文提出的进化论要探讨的，就是有些古代生物灭绝了，这是为什么。有些新的生物出现了，这又是为什么。依照达尔文的观察与推论，生物体或物种一代传一代的过程中，会逐渐产生生理或构造上的变化，这些变化有的有利于生存，大部分则反而有明显的危害。因此在资源有限的自然界中，物种内部或物种之间必然产生生存竞争，竞争的结果终将通过生殖来确保，于是经过许多世代，比较适合生存的生物逐渐取得生存的优势，不利于生存的生物就逐渐灭绝。

就工蜂而言，它们一生劳苦奔波，照顾幼蜂、修缮、采蜜，但是却没有生殖。延续种族的基因给下一代的，是日夜只忙着生小孩、不从事经济活动的蜂后。这样一来，到了下一代，还有谁继承到劳动的基因？

　　关于这个难题，有一种解释，叫作 "亲择理论"，主张利他行为不一定违背生存竞争的原则，亲属之间的利他行为有助于保留跟自己同一个版本的基因；血缘越近，利他行为能够保存下来的跟自身一样的基因就越多。换句话说，工蜂可以通过利他行为，让蜂后专司生殖，而且生殖出来的后代也保留了工蜂的基因版本。

　　假定有一个生物拥有一种借由牺牲自己来帮助社会的利他基因，但是族群中别的生物却没有这种基因，可以想象这个生物牺牲了自己以后，利他基因也就跟着消灭了。不过如果族群中别的个体也有利他基因，则牺牲自己照样可以保障利他基因延续到下一代。牺牲正是造就真社会性的力量，蜜蜂显然就是每个角色都牺牲一些，因而可以稳固地保存真社会性，只是牺牲的得失究竟该如何计算呢？得进一步深究。

牺牲的算法

　　人很重视家族，也是亲择理论的实现者。有个生物学家说过一句名言："我愿意为两个兄弟或是八个表亲牺牲自己的生命。"这正好暗合两个兄弟姊妹八个表亲在亲缘上等值。对一个个体来说，跟亲兄弟姊妹之间，在遗传学上平均有二分之一相同；甥侄是四分之一；表兄弟姊妹则是八分之一。

　　英国的汉密尔顿（William D. Hamilton）提出一个公式解

释工蚁（也是真社会性动物）的行为，简言之就是 c < br，c 是为了利他行为所付出的代价，b 是因为利他行为增加的生存机会（或者叫作适存值），r 则是亲缘关系值。式子表示牺牲的代价不能超过增加的生存机会和亲缘关系值的乘积，才能保证物种生存。为亲缘很近的人牺牲，r 值很大，就可以容许很大的牺牲。这是因为牺牲者的基因也存在于亲属身上，亲属生存，牺牲者的基因就生存。

　　如果有一种基因会让生存力降低，这种基因必然逐渐步向灭亡。相反地，可以增强生存力的基因必定取得进化的优势。工蜂乐于照顾不是自己亲生的后代，这种行为必定能让自己的基因得到保存，只是它们采用了生殖以外的方式。

　　就人类而言，婴儿的生长端赖母亲哺乳与保护的本能，也就是母性，没有这种本能的母亲很快就会失去后代。具备这种本能的母亲则让物种的基因保存到下一代。但是人类母性所保存的后代基因，其实只有一半是自己的版本，另一半则是配偶的版本。所以仅"一半"就值得人类为下一代含辛茹苦。

　　蜂后生殖的时候，幼蜂如果是雌蜂，则幼蜂的两套染色体当中一套来自父亲，一套来自母亲。由于父亲本来就只有一套染色体，所以女儿们由父亲遗传来的基因是相同的，占50%；母亲有两套染色体，姊妹之间来自妈妈这一部分有一半的机会相同，占全部基因的 25%。这样一来就非常有趣了：工蜂所照顾的幼蜂，75% 的基因跟自己相同！照顾幼蜂妹妹可以保存自己的基因，而且比自己生产的后代（50% 相同）更纯。

　　这个说法非常美好，似乎解决了父亲是单套体、母亲是双套体的蜜蜂、蚂蚁等膜翅目动物"真社会性"的秘密。问题是，如果蜂群的血缘是同母异父呢？事实上，蜂后婚飞的时候，会跟好几只雄蜂交配，它大约要收集 9000 万个精子，经过激烈的竞争、筛选，最后留下 700 万个精子在储精槽里面，这些精子将供应蜂后使用一辈子，没有再补充的机会了。所以蜜蜂的家庭不是只有一个爸爸。虽然雄蜂是单套体，但是好几只雄蜂就是好几套了，蜂后必须跟好几只雄蜂交配，否则万一精子跟卵子的性基因属于同一个版本，受精卵会全部孵出雄蜂，蜂的家族就灭绝了。

　　由好几只雄蜂和一只蜂后开启的蜜蜂群落，所有工蜂之间的亲缘不能用 75% 计算，因为也许它们之间大部分是同母异父的关系，那就只有 25% 的基因相同，而工蜂若自己生小孩，则有 50% 跟自己相同，恰好推翻了蜜蜂姊妹之间的血缘比母女之间更近的计算。

　　如果有一种基因，既可以让工蜂乐于建构蜂社群，而且蜂社群又可确保这个基因的生存，就可以解释为什么蜜蜂有办法过真社会性的生活。这个基因将是让单打独斗的昆虫摇身一变为真社会性动物的魔法石。有这种基因吗？蜂社群的魔法石是哪一个基因呢？

卵素基因是蜜蜂真社会性的基石吗？

蜜蜂社群的最重要角色，是工蜂，就跟人类社会最重要的角色是劳力阶级一样。蜜蜂的命运由它的性别、社会阶级和年龄来决定。繁殖是蜂后和雄蜂的本业，其他维持社群的事务则完全由工蜂料理：年轻的工蜂要照顾幼蜂以及处理被分派到的家务事，大约三周大以后，工蜂已经有足够的历练了，它们会从操持家务的管家变成出外打拼的劳工，要采集花蜜或花粉了。晋朝的郭璞写了一首《蜜蜂赋》，工蜂成天忙的事情，他写得格外典雅：

繁布金房，迭构玉室；咀嚼华滋，酿以为蜜。

蜜蜂在角色变换的过程中，也同时起了一些生理变化：它们的卵素会减少，青春素会增加。卵素让工蜂安于操持家务，从事家庭管理；青春素则让它们乐于出外采集花粉、花蜜，不会想回头做家里面的工作。科学家发现，利用RNA干扰技术早早关闭卵素基因，工蜂会比较早外出觅食。工蜂又分为两种，一种以采集花蜜为主，另一种则以采集花粉为主。在工蜂转变角色时，低卵素那一群采集花蜜；高卵素那一群采集花粉（图2-6）。卵素也跟蜜蜂的寿命有关系，卵素低的蜜蜂寿命比较短。卵素不但决定工蜂的工作场所，还决定了

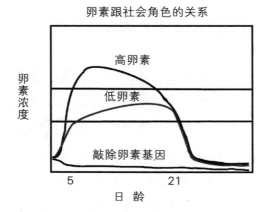

图 2-6　工蜂成虫后的初期，体内卵素浓度升高，升高的程度可以
　　　　分成高低两组。高卵素组以后主要采花粉，低卵素组以后
　　　　主要采花蜜，敲除卵素基因的蜜蜂会更早开始采花蜜。

它们的专长，甚至还影响寿命的长短！

卵素基因的功用是促进卵细胞发育，卵生昆虫有这个基因。到了蜜蜂身上，虽然工蜂不需要产卵，卵素依然有用，它的作用变得比较多重，是社会分工的关键基因。卵素的基因，或许加上它的搭档青春素的基因，可能就是决定蜜蜂社会生活的魔法石。

假想一种可能性：在古老的年代，有一只蜜蜂祖先经历了卵素基因的突变，让这个基因具备双重的作用——如果摄取特定的营养素，基因会制造开启生殖活动的钥匙；如果摄取普通的营养素，基因则制造开启存粮活动的钥匙。后来在历经环境变迁的时候，许多没有突变的小家庭逐渐灭亡了，但是突变种小家庭则活下来了，因为专业分工让它们有比较多的存粮、比较多的后代。于是突变的基因逐渐取得优势，也让拥有这个基因的蜜蜂逐渐发展出完全分工的真社会生活的蜜蜂社群。

现在魔法石的秘密可能已经揭开一半了，也就是卵素基因可以决定工蜂的角色这一半，还有一半则是，它是否也能让雌蜂变成蜂后呢？这个千古之谜还等着被解开。

第三章

性跟生殖可以自己来吗？

雌雄同体为主的线虫

线虫（C. elegans），是一种细长的、住在泥淖里的多细胞动物，又称圆虫，长度只有 0.1 厘米，肉眼隐约可见。但是要仔细观察它的话，还是得利用显微镜才行，透过适当的显微镜可以看见线虫的细胞，分辨率高达一个细胞。观察线虫的时候，只要冷冻一下，它就会休眠，可以维持好几年，解冻之后马上又活跳跳。线虫的寿命约两三周，出生三天多就已经是成虫，会开始繁殖。线虫靠食用细菌来维持生命，只要给它大肠菌，它就会快快乐乐成长。在食物缺乏，或是线虫众多太拥挤或太热的环境下，线虫的幼虫会遁入半休眠状态：还可以继续游走，但生殖腺暂时停止发育，身体变得单薄，而且嘴巴封起来不能吃东西。这种状态可以持续三个月，等环境好转，才又继续吃细菌、成长、繁殖，再活个十几天。也就是说，恶劣的环境让线虫的寿命延长了十倍之久。有些人就主张我们人类想长寿的话，应该向线虫学习，过饥饿、匮乏的生活，不知道你信不信？

雌雄同体和雄虫性史

线虫的性和生殖很有趣，很有效率，跟人类不大一样。它们也分为两性：一种是雌雄同体，它的性腺先制造精子，大约 250 个精子，放在储精巢里面，然后再制造卵子；另一种是雄性，只制造精子，有特化的尾部，可以侦测交配对象，还可以射精，所以能和雌雄同体线虫交配（图 3-1）。

　　制造后代的事情，雌雄同体的线虫可以完全自己来，用自己的精子和卵子产生下一代；也可以和雄虫交配，所以它既是雌雄同体，也扮演雌虫的角色。雌雄同体线虫的尾巴并没有阴茎的功能，所以不能扮演雄虫的角色，当然两只雌雄同体的线虫也无法交配。我们也可以说，雌雄同体的线虫是雌虫，它的生殖器官也是雌虫的构造，有阴户，也有子宫，只是它除了造卵之外，还会制造一些精子。

　　比起雌雄同体线虫，雄虫制造的精子比较大，动作也较迅速，因此交配后雄虫制造的精子进驻雌雄同体的储精巢，能把雌雄同体自制的精子排挤掉，生产出来的线虫就会是有

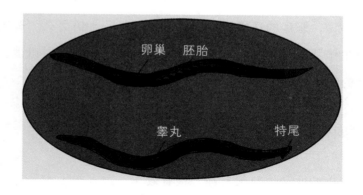

图 3-1　　线虫的内脏中最醒目的是生殖系统。上图是雌雄同体线虫，下图是雄虫。

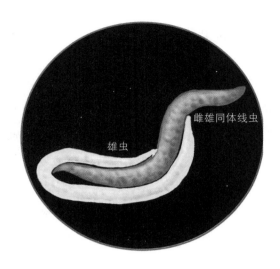

雌雄同体线虫

雄虫

图 3-2 交配中的线虫

父有母的新生代。

　　如果靠自己繁殖，也就是自体受精，一只雌雄同体线虫可以生产两三百个后代，数目不多，因为它能制造的精子数目有限。如果雌雄同体和雄虫交配，也就是异体受精（图 3-2），使用雄虫的精子，就能够制造 1200 个后代。自体受精产生出来的后代几乎都是雌雄同体，大约 500 个后代中只有 1 只是雄虫。异体受精的后代则雄虫和雌雄同体各占一半。野生的线虫几乎都是雌雄同体，因此得以推知它们通常都采用自体受精的繁殖方式。

决定线虫性别的染色体

线虫的性别由性染色体决定，和人类一样。人类的性染色体有两条，男人的性染色体一条大一条小，分别叫作 X、Y，女人则两条一样大，都是 X。Y 是决定人类性别的关键染色体：有 Y 就发育成男人，没有 Y 就发育成女人。线虫则只有一种性染色体，雄虫只有一条，X；雌雄同体有两条，XX（图3-3）。利用一种 X 染色体来决定性别好像够简单，问题是线虫的细胞是怎么数自己有几个 X 染色体的？科学家发现，决定线虫性别的基因当中有一个雄性总开关（叫作 *xol-1*），总开关一开，线虫就发育为有阳具、会射精的雄虫；总开关一

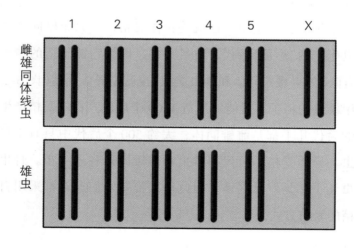

图 3-3　线虫染色体。雌雄同体有两个 X，雄虫只有一个 X。

关，则发育为雌雄同体。总开关决定细胞内一切性别发育基因的工作，它的开启或关闭调节一连串的基因的动作，这些基因会决定性腺的种类、尾巴的形态，以及合于性别的肠道、肌肉和神经系统。

总开关不在性染色体（X）上，而是在两性同样拥有的常染色体（A）上，但是总开关要开或者要关，则是由 X 与 A 的比值决定的。精确地说，雄虫 X ： A ＝ 1 ： 2，雌雄同体 X ： A ＝ 1 ： 1。性染色体释出 X 信号素，常染色体则会抵消信号。只有一个 X 的时候，抵不过两倍常染色体的力道；X 信号加倍，强度就足以克服常染色体的抵消作用，这时常染色体上面的雄性总开关就会被关掉（图 3-4）。

线虫性别决定系统

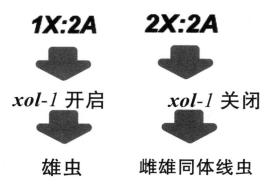

图 3-4　X 与 A 的比值控制雄性总开关（*xol-1*），利用它决定线虫的性别。

雄虫是多余的吗？

既然雌雄同体的线虫就可以繁殖下一代，而且自然界的野生线虫几乎都是雌雄同体的线虫自体受精所制造的，这是否表示雄性是多余的性别？自体受精不必求偶，可以确保血统纯正，只要一只虫就可以繁衍，不就是最可靠、最有效率的生殖方式吗？

雄性当然不是多余的性别，看看线虫为何会成为生物学最受宠爱的研究对象就知道了。由于一只雌雄同体的线虫三天就成虫，而且可以制造几百只第二代（包括绝大多数的雌雄同体线虫和几只雄虫），所以只要再繁衍一代就可以达到上万只了。如此制造出来的后代，基因全是从第一代的两套版本任选出来的。如果第一代的基因是 Aa 版，则子孙会有 1/4 是 AA 版，1/2 是 Aa 版，1/4 是 aa 版。如果其中 A 是显性、a 是隐性，隐性基因到第二代就表达出来了。所以线虫是研究基因的很棒的模式生物。另外，雄虫就像一支支装满各种不同基因的注射器，可以把基因注入雌雄同体的卵子，让子孙表达新基因。因此，利用线虫能够自体受精又可以异体受精的特性，可以操纵线虫子孙的基因组成。

这一个特点也正是线虫为了应付环境剧变所采取的生存策略：当环境稳定，而且基因型适合生长，就利用自体受精迅速繁衍固定基因型的子孙；一旦有限的基因型不足以应付

环境变迁，就借由异体受精引进新的基因。引进新型基因是
雄虫存在的价值之一。

　　雄虫虽然长得比雌雄同体线虫小一点，但是却可以游走
更远的路，适合开疆辟土，可说有一种男性气概。两只线虫
交配产生的"子代"（与产生它的"亲代"对应）原本应该
是一半雌雄同体，一半雄性，但是它们拥有一种独特的性别
比例政策。科学家发现，供给它们的食物如果是数量稳定的

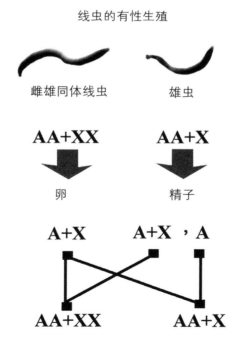

图 3-5　由雄虫和雌雄同体线虫交配产下的下一代，理论上是两性
　　　　各半，实际上却会因应环境改变性别比例。

大肠菌，子代两性比例要达成一半一半并无问题（图 3-5），但是如果给它们的是繁殖活动旺盛、数量快速增加中的大肠菌，雄虫就会多出 18%。原本应该发育成雌雄同体的幼虫，在充满快速增长的细菌的生长环境中转变成雄虫，同时被除掉一个性染色体 X，只剩下一个 X。

　　为什么会这样？科学家解释，细菌繁殖活动旺盛的环境中会充满它们的代谢物，这些代谢物会影响线虫的构造和基因，让雌雄同体变成雄虫。我们也可以这样解读：粮食稳定的时候，线虫就照着分配到的染色体发育；但是如果粮食生长旺盛，它们不必担忧眼前的生存压力，不必急着制造可以独自繁殖的雌雄同体后代，正好可以好整以暇，制造雄虫，让它带着家族基因去比较远的地方寻求配对机会，把基因散播出去。散播基因是雄虫的价值之二。

表 3-1：线虫的两种性别

	雌雄同体线虫	雄虫
性细胞	精子和卵子	精子
性器官	子宫、阴户	尾端特化功能犹如阴茎
生殖方式	自体受精，或跟雄虫交配	跟雌雄同体线虫交配
染色体	AA（一套 A 五条）+ XX	AA + X

豆知识

意义非凡的线虫科学

科学史上，某些关键性的发明，是开启一门新兴科学的重要里程碑。这些里程碑的重要性都是因为有个关键性的主角，在关键时刻做了关键性的发明。例如 1609 年发明天文望远镜的伽利略，1858 年提出进化论的达尔文和华莱士，1953 年建立 DNA 双螺旋模型的沃森（James Watson）和克里克（Francis Crick）。

我们都知道，遗传学之父孟德尔，利用豌豆实验，建立了遗传学说，那是 1865 年的事了。之后，1904 年摩尔根（Thomas H. Morgan）建立果蝇研究室，有一只著名的果蝇，不像其他果蝇有着鲜红的眼睛，反而因为突变呈现白眼，是这个实验室的代表性事件。而以线虫作为模式生物，开启利用线虫探索生命科学这扇门的关键性人物，则是布伦纳（Sydney Brenner）。

出生于南非的布伦纳，早在 20 世纪 60 年代就在剑桥大学建立了线虫实验室。他为什么要挑选线虫呢？这是因为，布伦纳想要研究基因如何控制细胞的连续分裂，让只有一个细胞的一颗卵变成由许多细胞组成的成体。当时已经有很多利用细菌或酵母探索基因功能的杰出研究，但对象都是单细胞生物，不符合布伦纳的目的；而模式生物果蝇又太复杂，单单它的一个复眼，细胞数目就远远超过线虫全身的总数。透明的线虫成虫，不计入精子和卵子，全身只有 959 个细胞，每一个细胞的分裂和谱系都可以透过显微镜追踪。加上线虫特殊的有性与雌雄同体两种生殖模式，只要两代就可以让突变的基因表达出来。布伦纳的慧眼果然不凡。

布伦纳的线虫实验室在他和研究伙伴的努力之下，花了十年，于 1974 年成功获得了约 300 个各类线虫突变体，而且确立了 100 个突变基因的位点（即基因在染色体上的特定位置）；1983 年完成从受精卵到成虫全部的细胞谱系；之后又利用电子显微镜观察确立线虫的神经网络，可供进一步研究它的觅食、社交、性向、运动等心智行为；人类基因体定序完成的前五年，线虫基因体先完成定序，是第一个完成的动物基因体。这些突出的研究，让全世界的线虫实验室从四十年前的 1 个，至今已扩增为 3000 多个。

中国台湾地区也有成功的线虫研究。吴益群教授以线虫为材料，探讨细胞凋亡的机制。研究成果发表在科学期刊的时候，台大医学院的谢丰舟教授曾为文申贺："科学期刊登载了台大细胞及分子生物研究所吴益群老师以线虫为实验对象，证明有关细胞凋亡的新理论。此一理论先前已被提出，但在人类细胞无法证明，吴老师改以线虫为对象，证实了此一新理论。此一消息传来，我们这些长年以来一直以线虫、果蝇、斑马鱼等模式生物为研究对象的研究者不禁有扬眉吐气的感觉。"

还没出生就怀孕的蚜虫

蚜虫是菜园里常见的昆虫（图3-6）。大多数品种的蚜虫体长只有0.2—0.3厘米，特征是腹部背后有两只蜜管；身体柔软，大部分呈浅绿色或浅灰色，但也有红色、黄色的品种，有的身上会覆盖一层白色蜡粉；有时候会有翅膀，但通常是没有翅膀的状态。它们通常不太动，整天不是吃就是生殖。幼虫和成虫都靠吸食植物的营养维生，它们用嘴巴刺入花苞、嫩叶、嫩茎吸食，这不但让植物失去营养、变形，还会传播植物的疾病。蚜虫所分泌的蜜露一旦黏在叶片上，叶片便会发霉，而且就像煤灰沉积，称为"黑煤病"。因此4000种蚜虫当中有250种是危害严重的害虫，玫瑰、花椰菜、莴苣、小黄瓜等农作物都怕长蚜虫。

但是对于蚂蚁而言，蚜虫可说是它们的"乳牛"。植物利用太阳将二氧化碳和水转变成糖，蚜虫便把绿叶输送下来的养分，当作甜美的生命之泉。而蚂蚁会等在后头，用触角摩挲蚜虫的腹部，蚜虫便从蜜管分泌蜜露给蚂蚁享用。蚂蚁的回报是保护蚜虫，当瓢虫或瓢虫的幼虫猎杀蚜虫时，蚂蚁会赶走瓢虫。蚂蚁不仅保护蚜虫，还会保护蚜虫的卵。气候严寒的时候，蚂蚁会迁移蚜虫的卵到自己家里过冬，就像牧场的牧民照顾乳牛一样无微不至。如果家里的植物上发现蚂蚁，就要怀疑是不是有蚜虫入侵了。

图 3-6　蚜虫的形态。蚜虫很小，本图中的蚜虫和背景豌豆的放大
　　　　比例不一样。

春夏成熟的雌蚜虫行无性生殖。蚜虫妈妈没交配就生出女儿来，小妇人就围绕在妈妈身边吸食植物汁液。秋冬气候转冷，蚜虫的生活史来到有性世代，雌蚜虫生出来的幼虫中会有一些有翅或没翅的雄虫，它们和雌虫交配后产卵，以卵的形式度过严寒。所以蚜虫在春夏行无性繁殖，胎生；秋冬行一次有性繁殖，之后产卵，以卵过冬，等春天来了，卵孵化出来又都是雌蚜虫。无性生殖和有性生殖如此配合着季节周而复始。

中国南方气候温暖，就算冬天到了日照依然充足，平地的植物还是生长繁茂，既没有低温刺激，食物又不匮乏，因此有些地方一年四季所见的都是无性胎生的雌蚜虫。

无性和有性流转的性史

蚜虫的生殖很有趣。以豌豆蚜为例，它的性生活史就是随着季节而变。冬季之前产的卵睡过严寒之后，到了春天开始孵化。孵化出来的幼虫是雌蚜虫，叫作干母，名称的来源是因为它们发育成熟之后，会生出许多跟自己的基因体一模一样的幼虫，就像树干发新芽一样。那一颗过冬的虫卵是蚜虫的生活史中唯一由雌雄两性交配产生的受精卵。受精卵孵化出干母以后，开始无性生殖，繁殖出来的每一代都是干母的复制品，这是因为它制造卵子的时候，减数分裂跳过了几个步骤，没有染色体重组，也没有分裂两次，终究制造出来的是跟雌蚜虫基因体一样、有两套染色体（2n）的克隆卵。这些卵不必受精，在体内孵化，通过无性生殖、胎生制造下一代。

最有趣的是，这些克隆卵既然不必受精，也就不必等待，卵一制造好，就紧接着发育为胚胎。现在还没出生的这些胚胎的肚子里面又有自己的克隆卵了，而且也开始发育为胚胎了！也就是说，无性生殖的蚜虫妈妈，肚子里面不但有女儿，还有孙女。人类若是怀着女婴，虽然女婴也有卵巢，但是女婴的卵巢并不会发育成胚胎。无性生殖的雌蚜虫就像望远镜一般，一筒套着一筒，筒筒相扣；也像俄罗斯套娃一样，大娃娃里面有小娃娃，小娃娃里面有更小的娃娃（图3-7）。世界多么奇妙啊！

现在这些无性生殖出来的蚜虫都是雌性，大约出生一周后就有无性生殖的能力，因此一只干母很快就会克隆一大群蚜虫，一个夏季可以无性繁殖20个世代，总共好几千只的女儿、孙女、曾孙女等等，它们的基因型跟干母完全一样。然后因应环境需要，基因型一样的蚜虫会有不一样的表现型：蚜虫妈妈会根据拥挤的程度生出终身无翅或是会长出翅膀的女儿，有翅的女儿展翅高飞，循着紫外线的来源追日，然后转向有植物的地方登陆。登陆的地方有时候就在附近，但是也可以乘着风漂洋过海，出现在另一个国度，在那里继续进行无性生殖。

到了秋冬，日照时间短，这时蚜虫女士们得想办法过冬了。秋末雌蚜虫生下性母，性母通常有翅，会飞到要过冬的植株，

图 3-7　春夏之际，利用无性生殖产生的蚜虫还没出生就怀孕了，
　　　　宛如俄罗斯套娃。

通过无性生殖生出一个有性世代，其中有雌有雄，但是通常
数量不多，可能只有雌雄各十几只。有性世代不是每一种蚜
虫都有，有些蚜虫只有无性世代，只有雌虫；也有些品种的
蚜虫在寒冷的地方有两种生殖方式，在温带、热带则只有无
性繁殖，可说是因地制宜。

性染色体的数量

　　蚜虫的性染色体 X 决定性别，跟线虫类似：有两个 X 是雌，只有一个 X 是雄。问题是，既然它们都是无性生殖的产物，而雄虫只有一个 X，为什么它没有从妈妈那儿得到两个 X？原来是因为妈妈的生殖细胞分裂的时候，两个 X 当中有一个 X 没有拉紧细胞分裂时会出现的纺锤丝，失落了，只剩下一个 X。然后这个有两套染色体，但是只有一个 X 的细胞开始分裂增殖成雄虫胚胎。现在有雄虫了，它的每一个细胞只有一个 X，等到它要制造精子的时候，精子中半数会分配到一个 X，另外半数则没有 X，没有 X 的精子一下就凋萎了，活下来的精子通通有一个 X。雌虫的卵子则都平均分配到一个 X。所以受精卵都是 XX，以后孵化出来都是雌蚜虫，也就是干母。春天一到新绿登场，蚜虫也就生生不息又一轮（图 3-8）。

　　现在我们已经知道线虫和蚜虫是怎么孕育的了。简单地说，它们都可以靠一己之力生产下一代；它们也可以跟异性交配来生产下一代。线虫的无性生殖和蚜虫的无性生殖之间的差异是，一只线虫就同时拥有精子和卵子，所以虽然是自体生殖，但还是有交配；这就像小学生有长短两套制服，可以自己搭配着穿，也许短袖衣服配长裤或短裤，也许长袖衣服配长裤或短裤，会有一些变化。蚜虫则不一样，它自体生殖的后代是母亲的克隆体，基因体是一样的，就像所有家人

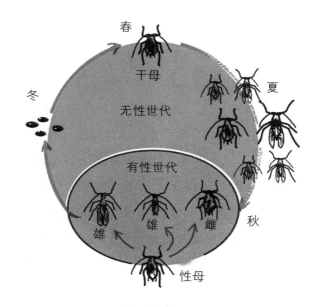

图3-8　蚜虫的四季,令人兴起论语"天何言哉,四时行焉,百物生焉,天何言哉"的赞叹。

统统只有同一套制服,穿得通通一样。它们的有性生殖则跟我们类似,可以引进新的基因,让下一代的制服变出一些新花样。

弗兰肯斯坦二世

人类如果像线虫或蚜虫那样 DIY 孕育小孩的话,会变成什么景象?

人类如果要像那样的话,必定是生物技术已经发展到可以克隆人类了，也许是细胞核移植，就像让绵羊或猎犬等许多动物无性繁殖成功的技术。也许是拿一点细胞让它们转变成减数分裂只进行一半的卵子，那就可以像蚜虫一样克隆了。也或许是让哪个男人的皮肤转变成卵子，或让哪个女人的皮肤转变成精子，然后自体受精，就像线虫一样。

　　有了技术，还要有动人的故事或是意外的情节，人类的无性生殖才会成真。现在文明国家的法律都会明文禁止研发克隆人，可是如果有个特立独行的科学家为了伟大的亲情或者爱情，或是国家级情报机关的医疗小组为了什么政治目的，

图 3-9　利用无性生殖制造的人类，很可能也是科学怪人弗兰肯斯坦二世。这是因为克隆人类需要很多实验室的操作，跟线虫或蚜虫的无性生殖不一样。

或许就会有违背法律、不为人知的例外。这样制造出来的克隆人，我们可以借用将近两个世纪之前，玛丽·雪莱笔下科学怪人的名字，称之为弗兰肯斯坦二世（图 3-9）。

如果人类可以像线虫或蚜虫那样 DIY 孕育小孩的话，这种技术果真会如有些人所批评的，只有有钱人才付得起克隆费用，是一项为富人服务的科技吗？事实上重点并不在这里，富人的东西不一定更有用，《屋上的提琴手》里不就有位老兄唱道：如果我富有了，房子里要建两座楼梯，一座上楼，一座下楼？只有富人才有的东西往往是多余的。真正的问题应该在于，克隆人最成功也不过跟同卵双胞胎一样，但是同卵双胞胎虽然基因型一样，却多得是表现型不一致的例子。例如同卵双胞胎的其中一个如果是男同性恋者，另一个也是同性恋者的机会是 50% 到 60%，得精神分裂症的概率大约也是这个百分比，这表示纵使这些问题很大部分是基因决定的，但是基因以外的因素仍有重要的影响，并不是基因一样，就百分百会是同一个样子。如果有人想将克隆人当作自己复活重生的机会，其实会大失所望。更何况，克隆人的制程跟同卵双胞胎发生的过程不同，有更多人为干扰，如果因此制造出瑕疵品，制造出弗兰肯斯坦二世，却又因为道德因素不能销毁他，就会是严重的问题。

话说回来，借有性生殖交换基因，增加生存适应力，又借无性生殖迅速扩大族群，自然是有效的生存策略。但是从人类的眼光看来，小虫儿的无性生殖既没有分担家计的功能，又没有两性交配的欢愉，这样的生殖方式，就像没有性爱就怀孕，产下了婴儿就各谋生路一般，我们会要这种生殖方式吗？当然，小虫儿能靠这种生殖方式生存，而且已经在地球上生存非常久。两亿多年前的化石中就有了蚜虫的踪迹，在它们神秘的生殖方式背后，一定有什么神秘的力量，推动它们一代一代繁衍。这个神秘的力量是什么？推动性食同类的生物繁衍的力量，还有推动真社会性动物繁衍的力量，究竟是什么样的秘中之秘？读者请一边阅读，一边思索。

第四章

处女生殖是怎么一回事？

动物园里的科莫多巨蜥

2006 年春天，英国伦敦动物园一只叫作宋爱的科莫多巨蜥，从前一年产出的一窝 22 个蛋中成功孵化出 4 只幼蜥。这个消息令人感到高兴却也让人不解：宋爱最后一次交配是在两年半以前，在法国巴黎的图瓦里动物园，和一只叫作金满的雄蜥，之后就不曾遇到过雄性科莫多巨蜥。怎么会在这个时候突然产卵，而且还可以孵化呢？科莫多巨蜥不像一些鱼或蜜蜂可以长年储存精子，可是宋爱不但产卵，而且这些卵还成功孵出幼蜥来，确实令人困惑。

过了不久，同年 5 月底，英国的切斯特动物园里，一只叫作弗洛拉的科莫多雌蜥，产下 25 个蛋，其中 11 个有生命现象。八岁大的弗洛拉已经性成熟，和妹妹妮西生活在一起，从来没有接触过其他雄性科莫多巨蜥。许多媒体纷纷以处女生殖为题大事报道。

切斯特动物园园长说：“孵化科莫多巨蜥的蛋要花七到九个月的时间，算算幼蜥出生的时间刚好在圣诞节前后，到时候我们会注意有没有聪明的牧羊人和东方来的博士，以及切斯特的天空有没有出现特别明亮的星星。”

孤独雌蜥

为了弄清楚弗洛拉产下的这些蛋的基因来源，英国利物浦大学的科学家分析了三个破掉的蛋，还有弗洛拉、妮西和另一只雄性科莫多巨蜥的基因。结果发现，三个蛋的基因组合完全来自弗洛拉，确信是孤雌生殖，但是基因体的排列跟弗洛拉并不完全一样，这表明经过了减数分裂，不能算是弗洛拉的克隆体。宋爱的孩子们的基因也都来自妈妈，没有任何雄性科莫多巨蜥的种，所以也确定是孤雌生殖。

到目前为止，科学家已经发现脊椎动物世界里的 70 多个物种（占脊椎动物全部物种的千分之一）可以孤雌生殖，也

图 4-1　长相洪荒的科莫多巨蜥

就是没有受精的卵也可以发育成个体。例如有一些鱼、一些蜥蜴以及火鸡，有时候就会进行孤雌生殖。由于科莫多巨蜥体型巨大，是蜥蜴类之中最大的物种（图 4-1），长两三米，重 70 千克以上，以往人们不认为它们能孤雌生殖，宋爱是由科学证实的第一例。

　　长期与雄性隔离可能是科莫多巨蜥孤雌生殖的直接因素。基因总是会找出路，这是进化的动力，不会找出路的基因很容易就灭绝了，存活下来的通常已历经考验。

孤雌之路

　　正常的科莫多巨蜥有两套染色体，这一点跟人类一样。但是人类性别由 XX ／ XY 系统决定，X 和 Y 是两种性染色体，拥有 XX 的是女性，有 XY 的则是男性（图 4-2）；科莫多巨蜥的性别则由 ZZ ／ ZW 系统决定，雌蜥的性染色体是 ZW，雄蜥则是 ZZ（图 4-3）。弗洛拉的性染色体是 ZW。它的生殖干细胞要分裂制造卵子时，必须经过减数分裂，也就是先复制一次，变成 ZZ-WW，然后分裂两次，第一次分裂成一个 WW、一个 ZZ 共两个细胞，第二次分裂成 Z、Z、W、W 共四个细胞。也就是 Z-W 复制→ ZZ-WW 分裂→ ZZ、WW 分裂→ Z、Z、W、W。

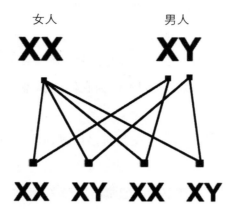

图 4-2　人的性别由 X、Y 染色体决定，有 Y 的是男人，这一点跟
　　　　科莫多巨蜥不一样，因此，人的性别由爸爸给的是哪一种
　　　　性染色体来决定。

　　孤雌生殖发生的时机可能在减数分裂的第一次分裂后、
第二次分裂前，因为这时候的卵细胞是两套染色体，可以发
育成完整的个体。这时候卵细胞的两个性染色体不是 ZZ 就是
WW，但是 WW 无法存活，ZZ 是雄蜥，因此产出的统统是雄蜥。

　　另一个时机在减数分裂完成之后，只有一套染色体的卵
子启动了复制机制，变成有两套染色体的细胞，性染色体也
由单套的 W 或 Z 变成 WW 或 ZZ，存活下来的都是雄蜥。

　　解套了！本来因为没有机会跟雄性接触，没有机会进行
有性生殖才启动的孤雌生殖，现在制造出雄性来了。以后又
可以回复有性生殖了。

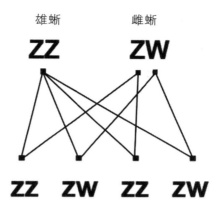

图 4-3 Z 和 W 是决定科莫多巨蜥性别的染色体，拥有两个 Z 的是
雄蜥，这一点跟人类很不一样。从本图可以看出来，巨蜥
的性别由它从妈妈取得哪一种染色体决定。

宋爱后来跟一只叫瑞亚的其他来源的雄性科莫多巨蜥交
配，之后产出一窝下一代，可见孤雌生殖只是权宜之计，并
不是科莫多巨蜥的常态。之前科学家发现亚速尔群岛的豆娘
也行孤雌生殖，但是它们一旦启动孤雌的机制，就不回头走
有性生殖的路了。

同一年间在英国就发生了两起孤雌生殖事件，而且这两
只巨蜥是全欧仅有的两只性成熟的雌蜥，可见孤雌生殖可能是
科莫多巨蜥常见的生殖方式。全世界剩下不到 4000 只科莫多
巨蜥，它们的栖息地除了科莫多岛，还有近年发现矮小的弗洛
勒斯人遗骸的弗洛勒斯岛等，都是位于印度尼西亚中部。

双髻鲨的孤雌生殖

2001 年，美国内布拉斯加州一个水族馆诞生了一头双髻鲨，同一个水族箱的三只雌鲨鱼都可能是幼鲨的妈妈，但是它们在幼鲨诞生前至少三年未曾与雄鲨鱼接触；不幸的是，小鲨鱼出生没多久就被同缸的缸刺死了。佛罗里达州和英国北爱尔兰的研究人员分析了它的 DNA，证实它是通过孤雌生殖产生的鲨鱼。这种单性生殖在昆虫中比较常见，爬行类的蛇和蜥蜴，以及某些鱼类偶尔可见，这个案例是科学界首度证实作为软骨鱼类的鲨鱼也能进行孤雌生殖；哺乳类动物身上则至今没有发现过这种事件。

DNA 证据

原本许多鲨鱼专家都认为，幼鲨的来源可能是雌鲨曾经与雄鲨交配，然后保存了精子，事隔多年才产生受精卵。但是分析幼鲨的 DNA，却没找到任何雄鲨的染色体。起初研究团队甚至怀疑自己的实验结果，因此分析了第二次、第三次，并采用更新的基因分析技术，都证实没有任何雄性的 DNA。

表4-1：比对四个位点的长度，可以看出幼鲨的染色体都是来自同一只雌鲨

鲨鱼	位点 1	位点 2	位点 3	位点 4
雌鲨 1	124/124	181/189	101/098	374/278
雌鲨 2	124/127	181/187	107/107	327/304
雌鲨 3	121/130	181/189	107/107	315/291
幼鲨	124/124	187/187	107/107	304/304

　　上表是实验的结果：从三只雌鲨和幼鲨基因体的四个位点判断幼鲨的来源。由于鲨鱼跟大部分的动物一样有两套染色体，一套从爸爸来，一套从妈妈来，因此染色体上每一个特定的位点也会出现两份，两份位点的版本可以一样，也可以不一样。从上表可见幼鲨的基因体来自第二只雌鲨，而且每一个位点的两份都是同一版本，表明幼鲨并不是雌鲨的复制品，而是在减数分裂的过程中只完成第一次分裂就中止，没有进行第二次分裂；或是第二次分裂开的细胞又融合在一起的结果。

孤雌生殖不是克隆

　　我们回头看科莫多巨蜥，它的性染色体是 ZW，孤雌生殖产出的子代是性染色体为 ZZ 的雄蜥。科莫多巨蜥的孤雌生殖也是减数分裂只进行一半，就是复制、同源染色体分离到两个细胞这一部分，接下来的第二次分裂没有完成，或是分离后又融合了，所以子代的性染色体不是 ZZ 就是 WW；由于性染色体为 WW 的子代无法存活，于是孤雌生殖的科莫多巨蜥一定会产下 ZZ 雄蜥。可见科莫多巨蜥跟双髻鲨的孤雌生殖经历的细胞事件是一样的，但是结果很不一样。

双髻鲨（图 4-4）的性染色体是 XX，它没 Y 染色体，这样一来，孤雌生殖对它而言非常不利，因为被囚禁的雌鲨还是逃不开单性的命运。它再怎么打破成规，也只能产下雌性的幼鲨，寄望自己年老以后，下一代仍有一天能与雄鲨相遇。反观科莫多巨蜥，因禁多年的雌蜥通过孤雌生殖，一举产出一堆雄蜥，彻底打破了单性生活的缺憾。只是如果是自然界的事件造成两性的隔绝，科莫多巨蜥这一招就解决了困境。但非常不幸的是，科莫多巨蜥被人类囚禁在动物园中，它完

图 4-4　被人类禁锢、性隔离的双髻鲨，有时候会利用孤雌生殖为生命寻找出路。

美的解决方案一遇到人类，就像娇艳的花朵瞬间凋谢，突然一点生机也没有了，幼蜥被移走了，它们一点也逃不出孤独禁锢的宿命。

动物跟人类不一样的地方，在于人类的雄辩。在人类的思维里，禁锢动物对动物而言是有价值的牺牲，为了教育意义嘛。人类说，禁锢的动物不能放生，因为它们已经失去野生能力。不能放生，那么是否就能在动物园繁殖？还不一定可以，这得看值不值得，得看经费，得看技术。

孤雌生殖是很冒险的生殖方式。现在我们知道孤雌生殖不是克隆，其实孤雌生殖比克隆更不利。克隆动物的基因体至少还跟健康的模本几乎一模一样，但是孤雌生殖的动物两套染色体是同一个版本，同一个版本的基因就失去备份的意义了。由于基因体一定有一些基因是坏了的版本，如果没有两种版本相互补足，很容易出现先天性的异常。只是除非这些异常让生物来不及长大，否则一旦新生代有两性交配的机会，经过有性生殖，下一代就可以回复双套的常轨，摆脱单套的短绌。

人类跟双髻鲨都是由 XY 系统决定性别，雄性的性染色体是 XY，雌性是 XX。所以女人如果孤雌生殖，子代必然是女婴，因为女人没有 Y 染色体，不可能生出必须有 Y 染色体上的基因才能产生出来的男婴。《西游记》中有一个西梁女国，这个国度里的人都是女子，她们会不会是孤雌生殖的人类？但是吴承恩写道，唐僧和八戒误闯女儿国，喝了子母河水，都怀了孕,可见这里不只有单纯的孤雌生殖,还可以"孤雄生殖",超出当今生物学所能涵盖的范畴。

人类可以孤雌生殖吗?

从科莫多巨蜥和双髻鲨孤雌生殖的故事,我们可以了解,要科学判断一个生命是不是经由孤雌生殖产生是很不容易的事。在研究 DNA 的科学仪器和工具包还没有商品化量产以前,纵使有人说破了嘴,说有一只巨蜥或一只鲨鱼是孤雌生殖产生的,也没办法解除他人怀疑的眼光。理由很简单,没有 DNA 证据,谁敢相信这种听起来就像神话的故事?迄今为止,仍没有人类孤雌生殖的科学证据。毕竟孤雌生殖只是进化树上比较低阶的动物的常规,高阶一点的昆虫、某些鱼、爬行类动物、火鸡的处女生殖事例时有所闻,而越顶端的物种,孤雌生殖就越罕见。

生殖的条件

人类自然生殖的条件,一定是要有个男主角,有个女主角,在适当的时机分别贡献健全的精子和卵子,在健康的母体内受精卵展开新的生命旅程。以往如果有人声称自己处女生殖产下一个婴儿,她周遭的每一个男人都会遭到怀疑。但是以当前对生殖科学的理解,我认为人类是有孤雌生殖的条件的。

人类细胞都有两套染色体，简称为 2n，只有成熟的生殖细胞是 1n。身体细胞复制的时候，会有一个过渡的 4n，细胞分裂后还是 2n。如果人类要孤雌生殖，第一个条件就是卵子要有 2n。这一点没问题，卵子的母细胞本来是 2n，要进行减数分裂才会形成成熟卵子，所以母细胞会先复制 DNA，2n 变成 4n，然后第一次分裂，变成两个 2n，其中一个退化；留下来的继续进行第二次分裂，变成两个 1n，其中一个再退化。问题是，第二次分裂的过程很长，可能长达十几年，直到精子带着一套染色体冲进来了，才匆匆完成 2n 变成 1n 的动作，然后这 1n 跟精子带来的 1n 配对成 2n，开始新的生命。

所以卵子有很长的时间处于 2n 的状态。在这段时间内，如果受到适当的刺激，启动胚胎发育，不是不可能。事实上，妇人卵子无故分裂，形成卵巢囊肿，或良性肿瘤的情形并不罕见。在这些事件的极早期，卵子开始异常分裂的时候，也会有囊胚，跟受精卵发育的初期一样。不同的地方在于这个囊胚不会继续发展下去变成胚胎。纵使这种囊胚移行到子宫内，终究也不了了之，迄今没有人敢说他看见过通过这种方式成长的婴儿。

人类孤雌干细胞

但是孤雌生殖确实给人类一些想象。有些研究就利用仍是 2n 的未成熟卵子，给予化学刺激，启动分裂（图 4-5）。

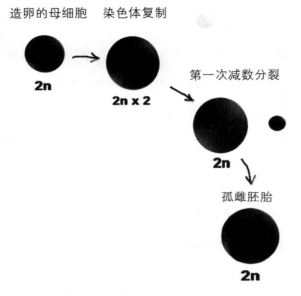

造卵的母细胞　　染色体复制

2n

2n x 2

第一次减数分裂

2n

孤雌胚胎

2n

图4-5　利用第一次减数分裂产生的卵细胞,加上电击或化学刺激,
　　　　诱导短暂的胚胎发育,可以从中提取孤雌胚胎干细胞。

然后在它分裂形成囊胚的时候,利用提取干细胞的方法,取出囊胚内细胞团的干细胞。这种干细胞的所有基因都来自唯一的一个人,因此可以拿来治疗这个人的退化性疾病、神经疾病、糖尿病等等,不必担心排斥的问题,当然如果有其他兼容的人,也可以借用它的干细胞。如果这种孤雌囊胚确定不会变成完整的胚胎,那就会减少许多争议,比如关于破坏囊胚是不是形同杀害生命的争议。

利用卵子的孤雌生殖获得干细胞的想法，已经越来越接近实现时刻了。现存一株从猴子的卵子孤雌分化来的干细胞，已经用于治疗猴子的帕金森症。人类的孤雌干细胞株也已被证实确实存在，那正是涉及韩国干细胞丑闻的科学家黄禹锡制作的干细胞株，只是他诓称那些干细胞株是来自核转移，并为文发表（详情请参考我的著作《细胞种子》）。

如今其他实验室的人赫然发觉，当时黄禹锡制作的干细胞株当中，至少有一株是孤雌干细胞株，而且是世界上第一株人类孤雌干细胞株。当初他们从捐卵妇人体内取来一些卵子，另外从病患身上取来一些细胞，然后以病患的细胞核取代卵子的细胞核，让它分裂，希望制作出为病患量身订制的干细胞。结果不知道哪个环节出了问题，卵确实分裂成囊胚了，也取得干细胞了，但这些干细胞的 DNA 却都来自捐卵妇人，所以是孤雌干细胞株。

黄禹锡制作的囊胚是孤雌囊胚，从人类经验看来，那是不会发育成胚胎的囊胚，因此破坏它、从中取得干细胞，就不算是杀害生命。捉弄啊，一开始黄禹锡如果不伪造实验结果，正视他建立的孤雌干细胞，不但可以功成名就，而且由于没有太多伦理争议，孤雌干细胞在科学上的重要性以及临床上的实用性，都会在核移植干细胞株之上。

第五章

变男变女变变变

鱼的形形色色的性

鱼是动物界里面一个很大的类别，全世界有超过 24000 种鱼。相较于只有一种的人类，鱼类的浩大可想而知。不同品种的鱼有不同的性生活习性，以及不同的性别决定方式，其中有些跟人类差不多，有些却奇特得令人难以置信。简单地说，虽然许多鱼跟大部分的脊椎动物一样分为雌雄两性，不过也有许多鱼是雌雄同体，既是雄的也是雌的，或者原先是雄的，后来变成雌的；或先后次序对调。有的鱼由外界环境的因素决定性别，这些因素包括温度、荷尔蒙等；更特别的是，有些成鱼还会转变性别，以确保族群经常有两性同时存在，可以繁衍下一代。

携带雄性基因的雌鲑鱼

来看一种染色体明明是雄性，却成长为有生育力的雌性的国王鲑鱼。科学家早就知道有些爬行动物的性别是由胚胎期的环境温度所决定，但是鱼类的性别更难捉摸，只有养在实验室观察它们的生活习性，才能一窥它们性别转变的奥秘。近年来许多检验 DNA 的工具包逐渐普遍化，实验室不必花很多钱，就可以采购很有用的仪器，因此科学家利用 DNA 探索自然的利器增多了。现在已经有科学家拿检验国王鲑鱼 Y 染色体的工具包，观察国王鲑鱼的性别是否跟基因型相符。

图 5-1　太平洋国王鲑鱼

国王鲑鱼是体型最大的鲑鱼（图 5-1），一只鱼的重量可以高达 15 千克。国王鲑鱼和中国台湾地区七家湾的台湾（樱花钩吻）鲑都属于太平洋鲑鱼，但前者体型大得多。美国西北部西雅图附近太平洋海域，有一块国王鲑鱼的栖息地，它们的出生地则在附近华盛顿州的哥伦比亚河。这里的国王鲑鱼数量逐年减少，原因很多，森林过度开发、水坝、农业、都市发展，都是破坏鲑鱼生态的因素。

国王鲑鱼是雌雄异体，就像人、猴子、老鼠、双髻鲨一样。它们也有性染色体，雄性为 XY，雌性为 XX。科学家从离太平洋四个水坝的哥伦比亚河上游汉福德河段捕捉成年鲑鱼，结果发现，如预期一般，雄鲑鱼都有 Y 染色体。现在纳格勒（James Nagler）要进一步看看雌鱼是不是都没有 Y 染色体，结果让大家都感到太讶异了，竟然高达 84% 的野生"雌鱼"——这里指的是外表看起来是雌性而且有卵巢的国王鲑鱼——有 Y

染色体。这个现象仅限于野生的国王鲑鱼，孵育所里面的国王鲑鱼外表跟基因就都一致。为什么会这样？

第一个可能，性染色体 Y 有一段 DNA 转移到其他染色体上了，刚好是工具包要辨识的那一段。但如果是这样的话，孵育所里的鲑鱼就没理由跟野生鲑不一样，因为它们是完全一样的品种。

第二个可能，放射性物质造成的结果。汉福德河段有一块核能保留区，在冷战时期，此地作为曼哈顿计划的执行场所之一，曾经有五十年的时间是生产钸的工厂。随着冷战结束，约二十年前成为核能废弃物处置场，已经不再生产钸。不过由于长年制造核武器的历史，部分保留区受到了污染。不过，研究国王鲑鱼的科学家从河水检测到的放射性极低，而且众所周知，辐射会造成不孕，科学上并没有见到过辐射造成大规模变性的先例。因此辐射不像是国王鲑鱼变性的原因。

第三个可能，许多科学证据指出，环境因素，例如温度或荷尔蒙，可以让鱼类胚胎变性，这是可能性最大的解释。许多鳄鱼、蜥蜴等爬行动物的性别是由温度决定的，这已经不是秘密，孵育温度比较低时它们偏向雌性居多，气候炎热的年份则过多的雄蜥蜴常常不容易找到老婆；一些龟类则恰好相反（图 5-2）。

那么，国王鲑鱼会不会也是因为温度而改变了性别？已经另有科学家证实，国王鲑鱼的近亲——红鲑，就会依据孵化时的环境温度改变性别。汉福德河段上游有水力发电厂，

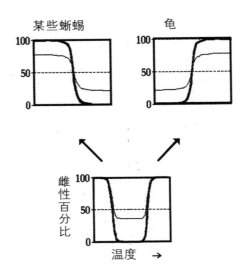

图 5-2   有些生物在适温范围内由基因决定性别，超过这个范围则
         由温度决定性别。

每天定时排放河水，让流域水温在摄氏 2 度到 6 度之间变动。
产卵地经历了这个温度的变动，可能影响了鲑鱼胚胎的性腺
发育，造成雄鱼变性。

　　除此之外，环境雌激素也会让雄性鲑鱼变性成雌鲑。雄
鲑仔鱼从孵育期到开始进食之间对雌激素特别敏感，可能一
暴露到雌激素的环境就变性，等到两个月大，性腺长成，就
不会变性了。

　　环境雌激素是什么？一些化学物质，例如工业、农业、
污水处理等要用到的清洁剂、杀虫剂、塑化剂，就含有让虹
鳟变性的环境雌激素。它们不是雌激素，但是具有类似雌激

素的功能。汉福德河段检测到的环境雌激素浓度很低，科学上没有证据显示这样的浓度会引起鱼类变性。而孵育所在孵育期间，使用的是纯净的地下水，所以也没办法完全排除环境雌激素是造成性转换的原因。

回头看在汉福德河段捕获的"雌鱼"。这些雌鱼84%拥有雄性国王鲑鱼特有的Y染色体，剩下的16%，也就是基因型是雌性构造也是雌性的国王鲑鱼，是侥幸逃过环境变迁的野生鲑鱼吗？其实也不尽然。政府为了补偿水坝造成的鱼群数量的损失，因此设置了鱼类孵育所，有许多鱼是在孵育所成长一段时间之后才野放的。这16%当中有一部分应该就来源于此，它们并不是真正野生的鲑鱼。真正的野生鲑鱼，雄鱼变性成雌鱼的比例还不止84%。

基因型和表现型一致的雌鱼产下的卵，全数都有一个X染色体。但如果是性染色体为XY的变性雌鱼，产下的卵有一半会有X染色体，一半有Y染色体，和雄鱼的精子比例相同。这样的卵产出的后代，将有四分之一是XX，二分之一是XY，四分之一是YY（图5-3），这个数字和应当是一半XX、一半XY的理论数字相去甚远（图5-4）。国王鲑鱼的近亲当中，银鲑和虹鳟都有性活跃的YY雄鱼存在的记录，国王鲑鱼很可能也不例外。果真如此的话，国王鲑鱼将面临极大的性别变化，它们族群的X染色体将一代一代减少，族群中基因型和表现型一致的雌鱼也越来越少，再经过几代，雌性国王鲑鱼可能都会是变性鱼。

正常情况的国王鲑鱼

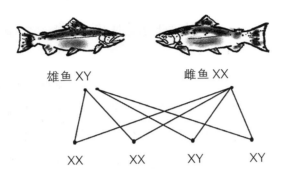

雄鱼 XY　　　　　雌鱼 XX

XX　　　XX　　　XY　　　XY

图 5-3　在正常情况下，国王鲑鱼雄鱼（XY）和雌鱼（XX）交配产
　　　　生的下一代，半数是 XY 雄鱼，半数是 XX 雌鱼。

特殊情况的国王鲑鱼

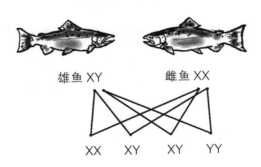

雄鱼 XY　　　　雌鱼 XX

XX　　XY　　XY　　YY

图 5-4　特殊因素让应该是雄性的 XY 鲑鱼变性成雌鱼。现在雌雄
　　　　两条鱼都是 XY，它们的子代会有四分之一是 XX，半数是
　　　　XY，四分之一是 YY。这样一来，鱼群中 Y 的比例会一代
　　　　比一代高，而正常的 XX 雌鱼比例则越来越低。

台湾地区的吴郭鱼（罗非鱼）

你曾经买过或吃过抱卵的吴郭鱼吗？如果不太确定，下次去市场或是在自助餐厅点菜的时候，注意看看。

吴郭鱼的雄鱼长得比雌鱼快，而且体型比较大，雄鱼是雌鱼的一倍半到两倍之多；给同样多的饲料，雄鱼会长比较多的肉出来。所以吴郭鱼养殖户当然希望买到的鱼苗都是雄鱼。问题是要用什么技术繁殖，才能产生以雄鱼为主的子代？

一种吴郭鱼

图 5-5　您看到过雌的吴郭鱼吗？比起雌的吴郭鱼，由于雄吴郭鱼的体型比较大，饲养成本比较低，因此市场上供应的人工养殖吴郭鱼都是雄鱼。

原生吴郭鱼产于非洲，因为能够适应各种水域，而成为重要的养殖鱼（图5-5）。早年吴、郭两君从新加坡带进这种鱼种，因此命名为吴郭鱼。中国大陆地区则因为鱼的原产地位于非洲尼罗河流域，因此称之为罗非鱼。吴郭鱼是一种口孵鱼，自然界的雌吴郭鱼会含着受精卵直到孵出小鱼，因此它们还有几个正式名称如"莫三比口孵鱼""尼罗口孵鱼"等。渔业专家胡兴华先生在《吴郭鱼的传奇》一文中详细说明了引进过程，节录如下：

1946年，即日本战败投降后的第二年……两位年轻人悄悄地潜越日本养殖场的三层铁丝网，脱下内衣充当渔网，捞取了孵化约五天的帝士鱼苗（就是后来的莫三比吴郭鱼）数百尾，放入带来的菠萝空罐之中，连跑带冲地回到营内，仔细一算还剩下约一百尾。这两位胆大又有远见的年轻人就是吴振辉先生与郭启彰先生。

郭在入睡前小心翼翼地把这些宝贵的鱼苗装入水桶，放在营门角落，不料却被误以为是脏水倒入水沟，在同伴的协助之下，好不容易才从水沟中捉到活鱼苗二十尾。第二天上船时再计算只有十六尾。

从新加坡至基隆十天航程中，郭以自己配给的生活用水，为鱼苗换水，细心照顾，辗转回到旗津老家时，只活存十三尾。这十三尾鱼苗五雄、八雌，就是台湾吴郭鱼的鼻祖。

表 5-1：吴郭鱼引进台湾的历史

年份	鱼种	来源
1946	莫三比吴郭鱼	新加坡
1963	吉利吴郭鱼	非洲
1966	尼罗吴郭鱼	日本
1968	红色吴郭鱼	台南发现，为莫三比吴郭鱼的突变种
1969	福寿鱼	雄尼罗吴郭鱼与雌莫三比吴郭鱼杂交育成
1974	奥利亚吴郭鱼	以色列
1975	单性吴郭鱼	雄奥利亚吴郭鱼与雌尼罗吴郭鱼杂交育成
1981	荷那龙吴郭鱼	哥斯达黎加
1981	黑边吴郭鱼	南非

（参考台湾地区"农委会"吴郭鱼馆网页）

决定性别的因素

鱼类的性别有很大的可塑性，性染色体不是决定鱼类性别的唯一因素，孵化温度、杂交、荷尔蒙、污染物、行为、社会结构等都会影响鱼的性别，这表示性染色体之外还有其他决定性别的机制，也是鱼跟人类不同的地方。

孵化温度会改变吴郭鱼的性别。这一点跟爬行动物相似，例如鳄鱼的性别就是受环境温度影响的著名例子：卵的孵化温度如果小于摄氏 30，孵出的全部是雌鳄；如果大于摄氏 34 度，则全部孵出雄鳄。有人发现在吴郭鱼性别分化的关键时刻，如果提高水温，会压抑雌激素分泌，造成雄性化的现象。

除了吴郭鱼以外，比目鱼族群也深受环境温度影响，它们在高温环境下全数变成雄鱼，低温时则全数变成雌鱼，适温时则雌雄比例为一比一。

豆知识

温度与性别的关系

　　人类的性别是由性染色体中的基因决定的，但是有些动物却会在胚胎形成的过程当中，受到环境温度的影响，发育成跟基因型不一样的性别。有些鱼和爬行类动物就有随着孵化温度改变性别的现象，由于爬行动物的温度变性机制有较多文献可以参考，在这里进一步深入一点看温度与性别决定的关系。

　　澳洲中部有一种温驯的鬃狮蜥，就是其中有名的例子。鬃狮蜥是宠物市场上常见的一员，它受到威胁的时候，会张大嘴、膨起咽喉，竖起颈部的棘刺状突起，让人想到狮子的模样；它们生活在炎热的环境之中，成熟的鬃狮蜥身长40到60厘米，一次产卵十多个。

　　鬃狮蜥的性染色体跟鸟类以及某些鱼一样，属于ZZ／ZW（雄／雌）系统，它们的卵子当中半数有一个Z，半数有一个W，精子则通通有一个Z，所以决定下一代性别的是卵子；这一点跟人类也恰好相反。不过不论XY／XX还是ZZ／ZW系统，基因安排的下一代都是雌雄各半，这一点很重要，可以让族群性别比例稳定维持，对族群生存最有利。

特别的是，鬃狮蜥受精卵的孵化温度会影响孵出来的小蜥蜴的性别。澳洲的科学家在实验室控制的恒温条件下孵化鬃狮蜥的受精卵，发现温度如果控制在摄氏 22 到 32 度之间，则孵出来的小蜥蜴雌雄各半，表示这一区间的性别由性染色体决定；高于摄氏 32 度，大部分的受精卵会发育成雌性，表示温度开始影响性别基因的表达；如果高于 36 度半，则孵出来的小鬃狮蜥全都是雌蜥蜴（图 5-6）。

由此可见，不管受精卵的基因型是雌是雄，最后温度凌驾基因，决定幼蜥的性别。这是因为 Z 染色体上有决定性别的基因，雄性有两个 Z，基因分量是雌性的两倍，基因产物的浓度也比较高，基因产物超过一个限度就会让制造雄蜥蜴所需的工程启动；如果温度太高，性别决定基因的表达降低，这时候被启动的是制造雌蜥蜴的工程。此外科学家还曾经发现，在低于适当温度的环境孵化的石龙子（另一种蜥

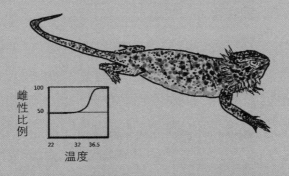

图 5-6　澳洲中部的鬃狮蜥，由孵化温度决定两性比例。

蜴），也会偏转基因决定的性别：让雄性基因型的受精卵发育成雌的石龙子。

　　由此可知，蜥蜴的性染色体当中的 W 不是制造雌蜥蜴必备的要素，没有 W 的蜥蜴受精卵也可以发育成为雌蜥蜴，有卵巢，有产卵的能力，能繁殖下一代。另外，还可以推想 Z 上面有一种对温度敏感的基因，在适宜的温度中，蜥蜴的生活条件也比较适宜，这时候族群的性别结构由基因决定，产生雄、雌各半的完美比例；但是假使环境变得太热或太冷，许多生存条件势必跟着改变，这时候就要调整族群的成分，多一些雌蜥蜴，确保族群生存。

　　从进化的角度看来，虽然雄蜥蜴、雌蜥蜴各半，最可能保存基因的多样性，但是在极端环境下，族群陷入灭绝的危机，当务之急是制造数量比较多的后代，这比保存基因多样性来得重要，于是这时候占族群半数的雄性显得多余，浪费粮食，不如留下多数的雌性和少数雄性就好。生活在经常骤变的环境里，蜥蜴进化出这一套性别决定机制，果然是保障族群生存的高明招数。

杂交变性

　　吴郭鱼可以按染色体的性别决定系统分为两大类：一类是 XY／XX（雄／雌）系统，跟人类同属一个系统，尼罗跟莫三比种属于这一类；另一类是 ZZ／ZW（雄／雌）系统，奥利亚及荷那龙吴郭鱼属于这一类，鸟类跟一些爬行动物也属于这一类。

有趣的是，不像人类的性染色体是按外表大小分成 X 和 Y，吴郭鱼的性染色体没办法利用显微镜观察来分辨，却是通过实验推论的。生物学家观察到吴郭鱼基本上符合单一基因决定性别的特性，因此利用荷尔蒙让尼罗吴郭鱼由雌变雄，然后让它跟雌鱼交配，结果下一代几乎都是雌鱼，推论尼罗种是 XY ／ XX（雄／雌）系统；又用由雄变雌的奥利亚种和雄鱼交配，几乎都可以产出全是雄性的子代，也就可以推论奥利亚吴郭鱼是 ZZ ／ ZW（雄／雌）系统决定性别。由于子代不是每次都百分之百单性，这表明在单一因素的基调之外，还有其他因素参与决定性别。这个实验的构想简单明确，值得玩味。

养殖专家早就知道让吴郭鱼杂交可以改变生长速度，或改变子代性别。例如快速生长的福寿鱼就是由尼罗种（XY 雄）和莫三比种（XX 雌）杂交产生，1969 年，台湾地区水产试验所鹿港分所的郭河所长杂交成功后推广养殖。之后开始发展全雄吴郭鱼，1975 年由奥利亚种（ZZ 雄）和尼罗种（XX 雌）杂交产生几乎都是雄鱼的子代，杂交成功后推广养殖，从此台湾吴郭鱼养殖进入"单性吴郭鱼"的商业化养殖阶段。吴郭鱼虽然有单一基因决定性别的特征，但是又会受到环境因素变性，不像人类完全遵循性染色体决定，而是多基因互相影响。它们的性别决定基因，可说是由一些可以调整基因强度的"数量性状基因座"共同出力的结果。

如果性别决定系统是一种游戏规则，则人类的规则便是抽签，抽到男性就男性，抽到女性就女性；吴郭鱼的规则是拔河，主张往雌性发育的站一边，主张往雄性发育的站一边，通常胜率是各半，但是如果有特定的情况发生时，整个比赛的均势就会产生偏移。

假如环境温度偏高，雌激素基因就发哕，退出比赛了，吴郭鱼会变成雄性。其他的鱼种也有环境因素参与决定性别的情形，例如有一种石斑鱼，每只雄鱼带着十几个后宫佳丽传宗接代，一旦雄石斑死亡退场，这些佳丽会有一只变性，变成雄鱼，马上接班。这表示社会结构一改变，有些基因就疲软，拔河态势逆转，造成性别改变。养殖专家的吴郭鱼杂交实验结果，表明奥利亚和尼罗种杂交会互相加强雄性化基因的强度，因此造就了雄性为主的子代，这是水产专家给养殖业者的最棒的礼物。

孙悟空变成一条鱼

20世纪60年代，美国许多河流被黑藻呛着喉咙，严重影响生态和渔民生计。学者建议引进吴郭鱼，想看看能不能借吴郭鱼杂食的特性吃掉黑藻，后来又引进了两种螺类。那时候的学者大概不知道，荼毒生态系的元凶当中，第一名是人类破坏栖息地，第二名就是引进外来物种。结果这些外来物种并不喜欢吃黑藻，它们喜欢其他更可口的东西，例如当地鱼虾也爱吃的新鲜浮游生物。

　　这种情形跟澳洲为了去除甘蔗的害虫而引进蟾蜍的下场一样。现在吴郭鱼很适应美国的河流了，《汤姆·索亚历险记》的舞台密西西比河也不例外，作者马克·吐温在世的时候大概没见过的吴郭鱼，如今已经成了此地喧宾夺主的主要物种。由于本土物种受到严重威胁，不想办法不行。最近学者提出一个办法：利用染色体操作的技术，先用荷尔蒙让 XY 雄鱼雌性化，变性成 XY 雌鱼，再让变性鱼跟雄鱼交配，重复几代以后，就可以制造一些性染色体为 YY 的鱼；接着用荷尔蒙让它们雌性化，然后野放这些 YY 雌鱼，让它们跟野生的 XY 雄鱼交配，结果产生的下一代都有 Y，所以都是雄鱼（XY 或 YY）。学者希望利用这个方法，让鱼群中雄鱼比例越来越高，有一天雌鱼减少到无法维持族群所需，终归灭绝。

　　在此不免想起《西游记》中的一个故事。

　　孙猴子齐天大圣大闹天宫，偷桃、偷酒、偷丹，搅乱蟠桃大会。于是玉帝派了十万天兵，布十八架天罗地网，"围山收伏，未曾得胜"。进一步找二郎真君平乱，二郎率着众兄弟，驾鹰牵犬搭弩张弓，让四大天王布下天罗地网，请托塔天王持照妖镜，来到花果山叫阵。见面骂完，大战三百余回合不知胜负。这时他们开始变戏法，真君变得身高万丈，青脸獠牙，望大圣就砍，大圣也使神通，变得与二郎身躯一样，举金箍棒抵住二郎。

　　这时大圣看见本营中群猴惊散，就把金箍棒捏做绣花针藏在耳朵里，摇身变麻雀要躲，二郎见状就变雀鹰追来；大圣又变一只大水鸟，二郎变一只大海鹤要叼；大圣又变一个鱼，二郎变个鱼鹰要啄；大圣变一条水蛇钻入草中，二郎又变了一只灰鹤伸着一个长嘴；水蛇跳一跳又变一只花鸨，二郎见他变得低贱，即现原身用弹弓打他；大圣趁机滚下山崖变一座土地庙，张口当庙门，牙齿做门扇，舌头做菩萨，眼睛做窗棂，尾巴竖在后面当作一根旗杆，真君赶到崖下，见旗杆立在后面，笑道是这猢狲了！大圣心惊扑地跳在空中变二郎的模样躲入庙里，鬼判一个个磕头迎接。真君撞进门劈脸就砍，打出庙门，半雾半云且行且战，又打到花果山。这时太上老君眼看二郎神没办法了，就丢下金刚套，打中了大圣天灵。

　　故事还没完，天兵天将捉回大圣，不管用刀用枪用火用雷，就是一毫不能损伤他。玉帝请老君捉了大圣丢进八卦炉中炼丹，要烧死他。七七四十九天后开炉，怎知大圣变得更神勇，无一神可挡。玉帝只好请如来佛帮忙，如来跟大圣说："我与你打个赌赛：你若有本事，一筋斗打出我这右手掌中，算你赢，再不用动刀兵苦争战，就请玉帝到西方居住，把天宫让你；若不能打出手掌，你还下界为妖，再修几劫，却来争吵。"结果大家都知道，大圣驾起筋斗云，从如来佛手掌心出发，一翻十万八千里，来到五指山，留字"齐天大圣到此一游"，撒了一泡尿，再度翻回。却不知翻来翻去都在如来佛手中，有猴尿与题字为证。

　　怕就怕有人自己扮起玉帝来，以为齐天大圣不过是一只呼之即来、挥之即去的猴子，到头来，却呼之不来、挥之不去。

等到出问题了，叫来自己的爱婿二郎神，心想一切就此搞定。没想到二郎神不争气，终究只能推给如来佛。吴承恩笔下的玉帝，恰好影射意图利用生物控制来改变生态的人；大圣和二郎真君，就是专家手中的生物武器了；如来佛则代表自然界中生物赖以生存的基本原则。

过去人们想要利用外来物种控制生态的想法在许多地方都碰壁了，现在专家想要利用生物技术解救被外来物种凌虐的本土生物，不知道会不会又产生新的问题？毕竟人类不乏解决问题的办法，但是自然界有其难以预知的因应策略。不管人类自以为是齐天大圣还是二郎神，终究不是如来佛。过去的人为措施造成了违反自然的恶果，有错不能不改，但是谁知现在想要导正错误必须采取的措施，会不会又种下恶因？这类的两难大概唯有更多的知识才有可能解决吧。

与性脱不了关系的水产养殖

从生产吴郭鱼的水产技术可以知道，人类有许多可以加速鱼类生长的方法，也可以利用生物技术增加水产对疾病和环境的抵抗力。当今的水产养殖业已经充分利用这些有趣的技术，除了实用价值之外，对人类还另有启发。

"选种"是行之有年的技术，几千年前的人就会借"选种"培育美丽的鲤鱼，而那些被选上的鲤鱼的特色到今天还被保留着。上个世纪普遍利用选种技术，让食用鱼类长得更大、更快，例如养殖的鲶鱼、鳟鱼、吴郭鱼、大西洋鲑鱼都曾利用这项技术。

　　染色体操作技术让养殖业者可以制造三倍体（3n）的水产，也就是让原本拥有两套染色体（2n）的鱼、牡蛎等变成拥有三套染色体。三倍体通常没办法繁殖，于是节省了繁殖所需耗费的精力，长得特别快；此外，有些海鲜，例如牡蛎，在繁殖期会走味，因此三倍体既然没有繁殖期，就可以终年供应。

豆知识

长得快又好的三倍体

　　三倍体是如何制造的？我们知道生物在制造精子和卵子的时候，是由双套染色体（2n）的生殖母细胞经过减数分裂，减成单套（1n），精卵结合后又回复2n，所以我们的体细胞几乎都是2n（从DNA复制之后到细胞分裂之前除外）。卵子减数分裂的过程比较特别，2n的卵子母细胞先复制DNA，变成4n；然后第一次分裂，产生一个还没成熟的卵子（2n）和一个萎缩的极体（2n）；还没成熟的卵子再经过一次分裂，就会变成一个成熟的卵子（1n）和第二极体（1n）。问题是，第二次分裂是在精子（1n）的染色体进入卵子之后的一段时间才完成，而大部分鱼类是在精卵结合后八到十分钟完成第二次减数分裂排出第二极体，因此从受精到完成第二次分裂之间，受精卵是处于3n的状态。

在技术上适时使用抑制细胞分裂的药物，例如秋水仙素，就可以不让受精卵继续减数分裂，维持 3n 的状态，之后长成 3n 的个体。养殖专家很高明，他们借着控制温度、利用压力等办法也可以达到相同的目的，原理一样：不要完成第二次分裂，不要产生第二极体（图 5-7）。有时候先中止正常受精卵（2n）的第一次分裂，让它维持 DNA 复制以后、细胞分裂以前的 4n 状态，以后长成 4n 的个体。由于 4n 个体可以有生育能力，让 4n 和正常 2n 交配，也可以产生 3n 后代。

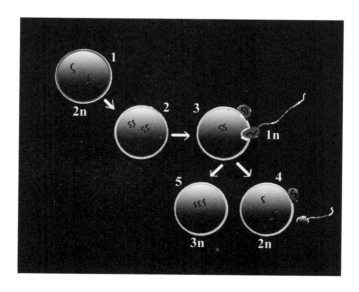

图 5-7　减数分裂制造卵子的过程中，拥有两套染色体（也就是 2n）的母细胞先复制染色体，然后第一次分裂，这时子细胞仍是 2n。等到精子（1n）进入卵子，卵细胞才完成第二次分裂。如果没有第二次分裂，就会产生 3n 的子代。

单性养殖

有一些地区的学校是男女分校，据说是为了便于管理，这么做学生会比较专心读书。水产养殖也来这一招，称为"单性养殖"。单性养殖通常有明确的目的，例如鲟鱼会生产高贵的鱼子酱，养殖业要的自然会是雌鱼；雄吴郭鱼鱼长得比雌鱼大又快，而鳟鱼和鲑鱼则是雌鱼长得比雄鱼大又快。既然如此，就需要专家来帮助操作染色体，以取得单性的鱼苗。

可以利用紫外线或 γ 射线破坏精子和卵子里的 DNA，先破坏精子的 DNA，让它跟正常卵子受精，加上人为方法中止第二次减数分裂，就可以制造遗传物质完全来自卵子的受精卵（2n），这种方式称为"雌核生殖"。如果先破坏卵子的 DNA，让它跟正常精子受精，然后在受精卵（1n）第一次有丝分裂（一般的细胞分裂）时用人为方法中止，这时受精卵的 DNA 已经复制成 2n，但没有分裂成两个细胞，然后重新复制分裂，就可以发育成遗传物质完全来自精子的后代，叫作"雄核生殖"。利用雌核或雄核生殖的技术，可以制造单性后代。

亚马孙女战士的性

自然界也有雌核生殖的例子。有一种叫作"亚马孙花鳉"的鱼，这是一种胎生的小鱼，跟孔雀鱼同属，体型也差不多。

它们生长在墨西哥东北和美国最南端得克萨斯州的淡水河湖，而不是亚马孙河。它名字中的"亚马孙"，源自希腊神话里女战士部落的名称，神话中亚马孙族从邻近部落取精，并且杀掉自己的男性后代，因此整个部落全由女人组成。亚马孙花鳉是几乎只有雌鱼的物种，它们并没有杀掉雄鱼，只是不生产雄鱼。

但是，没有雄鱼怎么生殖？它们还是需要雄鱼，不过是同属不同种的雄鱼。亚马孙花鳉制造卵子的时候，没有经过减数分裂，制造出来的卵子依旧是2n。它们跟异种雄鱼交配，精子的DNA并没有进入卵子共同构成受精卵，精子只是启动卵子分裂，卵子就可以发育成下一代，这个过程称为假受精，或叫作精子启动的雌核生殖，产生的下一代都是雌鱼的复制体。

从亚马孙花鳉的生殖方式，可以看出它是多么精打细算：它只生产女儿，而且是跟自己的遗传物质一样的复制体；相比之下，一般的有性生殖的下一代半数雄半数雌，等于只有半数的生殖潜力；而且有性生殖的后代，亲子间或同一胎的亲手足之间只有一半的遗传物质相同。比起有性生殖的物种，亚马孙花鳉才是经济上的赢家。异种雄鱼在这出大戏里并没有为自己的种族加分，反而增加了生存竞争的对手的数量。在进化上，它的种族究竟获得了什么好处，不然这种行为怎么能够存续？有人猜测好处是雄鱼增进了性爱技巧，让它跟同种交配时成功授孕的机会增加。你认为呢？

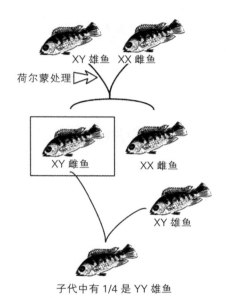

荷尔蒙处理

XY 雄鱼　XX 雌鱼

XY 雌鱼　　　XX 雌鱼

XY 雄鱼

子代中有 1/4 是 YY 雄鱼

图 5-8　这种鱼在自然界中雄性是 XY，雌性是 XX。先利用荷尔蒙
　　　　处理，让 XY 变性成雌鱼，再让 XY 雌鱼跟 XY 雄鱼交配，
　　　　就可以产出 YY 雄鱼。利用 YY 雄鱼可以产出全雄性的子代，
　　　　参照下一图。

变性的技法

　　许多水产生物都可以利用荷尔蒙变性。例如性染色体为
XY 的雄性吴郭鱼，可以在生活史的特定时间利用雌激素让自
己长成雌鱼，有卵巢等雌性特有的生殖器官，也能生育。这
种变性雌鱼跟 XY 雄鱼交配可以制造性染色体为 YY 的超级雄
鱼（图 5-8）；再让超级雄鱼跟一般的 XX 雌鱼交配，下一代

就统统是 XY 雄鱼，而且是没有使用人工激素的鱼（图 5-9）。

杂交是另一种简单的技术。例如使用脑下垂体萃取物和其他激素，可以让雌鱼的卵巢早熟及产卵，这些卵就可以用来跟异种雄鱼的精子杂交，不必痴痴地等它产卵。杂交可以让吴郭鱼产出几乎全是雄性的子代。

住在男生宿舍里的雄鱼长得比较快，而且几乎没有性的活动。反观男女同宿的饲养池，春色无边，废寝忘食，而且早早就开始生育，结果族群体格大小相差很多，不能供应品相一致的产品，商品价值就低得多。

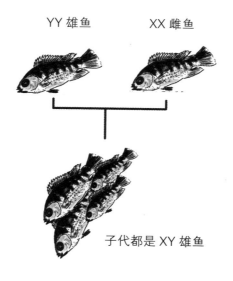

图 5-9　承前图，利用 YY 雄鱼制造的子代都拥有 Y 染色体，是全雄性子代。如此生产的鱼货没有添加荷尔蒙，消费者可以接受。

基因工程和基因改造水产

　　"基因工程"算是模糊的词汇。基因工程跟转基因有时被混为一谈，而转基因的食物常引起大众的疑虑。吴郭鱼的染色体操作并没有涉及转基因，我们可以说染色体操作是一种基因工程，但不是转基因，所以不是基因改造。

　　基因改造技术这几年进步的速度一日千里，实验室人员能够在毫无关系的物种之间转移基因。例如，北极的寒冬比目鱼可以对抗零下2度的环境，那是因为它的身上有一种抗冻蛋白，科学家已经可以取这个基因转移给草莓，草莓的叶子就比较不怕寒害。哇！比目鱼跟草莓的距离，比起蜘蛛跟人可远得多吧？相同的基因也转给了鲑鱼，科学家想看基因改造鲑鱼是不是可以生活在更寒冷的地方，结果不行，因为抗冻蛋白产量不够，但转基因让鲑鱼在冬天继续成长，没有基因改造的鲑鱼在冬天不是停止成长，就是厉行减肥中。鱼的基因改造通常与生长激素的基因有关，植入生长激素的鲤鱼、鲶鱼、鲑鱼、吴郭鱼、鳟鱼长得很快。不过读者请放心，纵使基因改造有很多好处，不过到目前为止，人类的食物中还没有基因改造水产。

第六章

性的起源：细菌有性生活吗？

细菌的性

细菌跟我们人类有很大的差异，很难想象，这种单细胞生物既然没有脑，也就没有视觉、听觉、嗅觉、味觉，没有性的饥渴。那么，它们究竟有没有性生活？它们如何开启地球上各种缤纷的生命形式？

人是许多分工精密的细胞合作组织成的一个个体，分工细密的程度甚至连性这档事都有专责的性细胞——精子和卵子，其余的细胞不必烦恼传宗接代的重责大任，只管让个体活得好就成。细菌就不一样了，细菌是单细胞生物，一个细胞就是一个个体，一个细胞就要处理一切生命活动。这样一来，如果细菌有性生活，如果有两个细菌交换遗传物质，细菌的"我"就不再是"我"了。人的性是各自贡献一些神秘的物质出去，这些物质结合后就有机会产生新生命，就像把一些可乐和一些芬达倒到同一个新杯子里，这成了"可芬"，而原来瓶子里的可乐还是可乐、芬达还是芬达。细菌如果有性，就像把可乐加到芬达的瓶子里，或把芬达加到可乐的瓶子里，芬达瓶子里就不再是芬达了，可乐瓶子里也不再是可乐了。

此外，细菌如果有性，亲子的界定会很麻烦。人类有两套遗传物质，制造下一代的时候，由父母双方各贡献一套遗传物质，通过精子和卵子结合，形成有两套遗传物质的个体，是典型的有性生殖；细菌的确通过性，交换了遗传物质，但是新的物质都融入到自己身上。细菌只有一套遗传物质,它们繁殖的时候会依样复制一套,然后一个细菌分裂为两个细菌,各拥一套遗传物质,称为分裂生殖。这两个细菌与其说是亲子,不如说是兄弟或姊妹来得恰当。推而广之,也可以说开天辟地以来诞生的第一个细菌,是现存所有细菌的亲兄弟、亲姐妹。

到底有性生殖是什么意思?通常这是指雄性提供小型配子,雌性提供大型配子,两种配子结合制造新生命,达到繁殖的目的。一个生物是雌或是雄也是看配子相对是大还是小来决定,例如人类的卵子就比精子大很多,制造大配子的就是女人。细菌的生殖是自己复制 DNA,然后分裂,没有配子结合的动作,所以称为无性生殖,以迁就我们习惯上对性的定义。不过进一步看,细菌虽然没有以生殖为目的的性,但是它们也交换遗传物质。如果从进化的观点来看:两个生物之间互相贡献遗传物质,产生遗传物质的新组合,新组合就有机会应付新的天择试炼。细菌交换遗传物质,进行科学家所称的重组,就是一种性了。不过,细菌如果有性,却明明没有精子、卵子,又要如何进行性的交易?这个最原始的生物如果有最原始的性,到底会是什么面貌?

附身还是转世

我们现在知道，细菌的性生活也很多彩多姿。科学家发现的第一种细菌性行为有点阴森：不是附身，也不是转世，但是"死菌"却能将基因贡献给"活菌"转化。

死菌让活菌转化

人们早就知道肺炎球菌有好几种，它们致病的毒性不同。例如表面粗糙的肺炎球菌没有毒性，注射到老鼠身上不会让老鼠生病；外表多一层光滑荚膜的肺炎球菌则有致病力，注

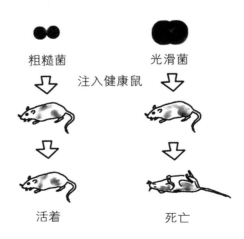

图 6-1　肺炎链球菌的致病力

射到老鼠身上老鼠不久就会死亡（图6-1）。这是因为光滑菌的外表有一层多糖体的外膜，那是它的金钟罩，可以让细菌躲避免疫细胞的攻击。

　　第一次世界大战期间，肺炎球菌在军中横行，造成许多士兵死亡。1928年，英国细菌学家格里菲思（Frederick Griffith）打算针对肺炎球菌研发疫苗，于是在实验室进行各种测试。以往制造疫苗的过程，不是杀死病原当作抗原，就是让病原一再复制，看看会不会累积突变失去致病力。

　　格里菲思采用两种菌株同时进行研究，结果发现一个令人震惊的现象：如果先通过加热杀死有害的光滑菌，死菌当然不会让老鼠生病；但是如果同时给老鼠注射活的无害的粗糙菌和高温消毒过的光滑菌溶液，老鼠却会病死，而且在它

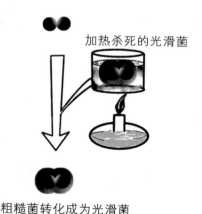

加热杀死的光滑菌

粗糙菌转化成为光滑菌

图6-2　活着的粗糙菌

们的血液中可以找到活的光滑菌，这表明原本无害的粗糙菌现在变成了有致病力的光滑菌，而且细菌的后代就会一直保持光滑的外表和致病力了，接着这些新生的光滑菌还可以把基因传给粗糙菌（图 6-2）。

这个现象简直难以置信，失去生命的细菌怎么能够把自己的特性传递给活着的同胞呢？粗糙菌取得金钟罩的基因，或者说亡者的基因寄托在生者体内新生了，总之它们的结合现在让原本在老鼠体内无法存活的细菌可以生存了。不管要不要将这种现象称之为性，它们都获得性的实际好处了。

后来的科学家从这个发现了解到，活的、无害的粗糙菌从死去的、有害的光滑菌溶液中得到了一些基因，转化成有毒的光滑菌。这些基因到底是细胞内的什么成分？

所以格里菲思的实验非常重要，因为虽说不管是孟德尔对植物杂交的推论——"有一种遗传因子会通过配子传给下一代"，还是达尔文进化论的基础——"有一种非常稳定但是偶尔会发生突变的遗传因子"，都明确指出了遗传因子（基因）的存在；但是孟德尔和达尔文的葫芦里，到底装的是什么膏药？从来没有人找到方法揭开基因的面纱。现在很可能有办法了，因为基因就在细菌溶液当中。基因到底是什么成分？只在此山中，云深不知处。当时的观念认为蛋白是一切生命现象的物质基础，许多人深信基因也是蛋白构成的，只是苦于找不到证据。吊诡的是，如果基因是一种蛋白，蛋白的合成需要用到酶，酶也是蛋白构成的，那么谁来合成各式各样的酶？此外，蛋白通常不怎么耐热，但格里菲思的实验中基因有耐热的特性，那么基因会不会是其他物质构成的？

到底孟德尔和达尔文的葫芦里头是什么膏药？

是 DNA 让细菌转化

1931 年，一个单身、内向、由执业医生改行进研究室的科学家对细菌转化的现象很有兴趣，并且因此证明了基因就是 DNA，他就是加拿大的埃弗里（Oswald T. Avery）。

埃弗里酷爱音乐，小时候就学会吹小号，星期日下午常在街头表演，吸引信徒进他父亲主持的教堂听道。埃弗里喜欢研究细菌，第二次世界大战期间，细菌学家格里菲思在德军的炸弹攻击中死亡（1941 年），埃弗里取得一张他的相片摆在案前，直到自己退休。

利用格里菲思观察到的现象——光滑菌被杀死了以后仍然可以把基因传给活的粗糙菌，埃弗里先用清洁剂溶解光滑菌，然后把溶液加入细菌的培养基，培养基内的粗糙菌果然转变成光滑菌；然后逐一用糖的分解酶、蛋白的分解酶、RNA 分解酶及 DNA 分解酶处理溶液，结果只有经过 DNA 分解酶处理过的溶液失去了让粗糙菌转化的能力。1943 年底，一个大雪纷飞的早晨，埃弗里在洛克菲勒研究所向同事宣布：基因就是纯粹的 DNA，一种核酸分子（图 6-3）。这个发现就像一颗炸弹，许多关注此事的科学家纷纷投入 DNA 的研究。

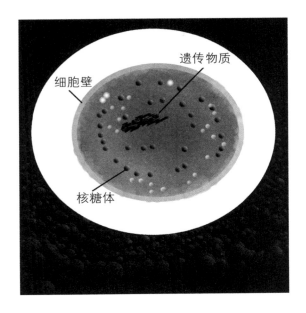

图 6-3　在细菌的各种成分里，遗传物质到底是糖、蛋白、RNA、DNA 当中的哪一种？埃弗里设计了一个漂亮的实验，解开这道难题。

1953 年，沃森和克里克揭开了 DNA 的双螺旋结构之秘。沃森在《双螺旋》一书中就提及，因为埃弗里的发现，他们才决定研究 DNA 的结构。接下来的几十年当中，科学家发现 DNA 是一种密码，并不直接发挥作用，而是通过互补的RNA——另一种核酸分子，引导蛋白合成，蛋白是工作的分子；接着解开 DNA 密码；然后发现所有生物基本上使用同一套密码，不管是细菌、稻米、空心菜、猪，还是人。这个发现无异给了进化的想法最强有力的支持。

我们现在知道，细菌会转化，是因为甲细菌的遗传物质可以进入乙细菌体内，变成乙细菌遗传组成的一部分，宛如乙的新增程序。乙细菌进行分裂生殖产生新细菌的时候，遗传物质的内容就已经包含新增的程序。这就像阴阳两隔的性，新细菌就如同死后取精制造的遗腹子。

如何证实细菌有性行为

1945 年，美国的莱德伯格（Joshua Lederberg）设计了一个很完美的实验，证实细菌有性行为。莱德伯格看到研究圈子中有人拥有多重基因突变的大肠菌，立刻构想了一个实验，他取得两株大肠菌，A 和 B，A 缺少制造两种营养素（氨基酸）的基因，B 缺少制造其他三种营养素的基因。要培养 A 就要在基本培养基内添加它所缺少的那两种营养素，要培养 B 则要额外添加另外三种营养素。

接合中的细菌

现在莱德伯格让两种大肠菌生活在一起。结果神奇的事情发生了：没有添加额外营养素的基本培养基竟然可以长出大肠菌！由于莱德伯格使用的大肠菌有多重基因突变，而多个基因同时突变回复到正常的机会微乎其微，所以必定是大肠菌之间交换了它们的遗传物质，让其中一些细菌取得了另一些细菌的基因，并且重组到自己的基因体里面，就这样产生了五个基因都正常的菌株！

这种情形跟一种鱼的经验类似。墨西哥穴鱼大约在100万年前遁入完全没有光线的地穴中生活，在那种环境里眼睛是毫无用处的器官，于是逐渐退化，原来长眼睛的地方现在被皮肤覆盖了。生活在不同洞穴的盲眼穴鱼彼此没有交配的机会，因此它们的眼睛基因是在不同的地方败坏的。就像两本原来一模一样的古书，各有一些书页脱落，但是脱落在不同的地方。科学家让不同血缘的穴鱼交配，结果下一代就有眼睛了，就看得见光线了。好像两本脱页古书互相对照，就凑成一部完整的善本书了。

细菌重新获得完整的代谢基因，是不是细菌转化的结果？即细菌溶解之后，其基因被活菌取用？莱德伯格把细菌过滤掉，分别把溶液给另一株，结果没有得到五个基因都正常的细菌。会不会这一株细菌产生的代谢物刚好可以补足那一株生长所需？他在U形管两边分别培养两株细菌，中间用滤纸隔开，细菌通不过，但是代谢物就可以通过，结果细菌没有生长。莱德伯格的实验证实，他用的细菌必须有"肉体"的接触，才会发生基因转移。后来电子显微镜技术发达以后，果然可以照到细菌通过一条鞭毛交配的实况（图6-4）。

图 6-4　两只大肠菌接合中

细菌有性别吗?

到了 20 世纪 50 年代,致力研究细菌交配的都柏林人比尔(William Hayes,但举世都称他 Bill)证实了细菌也有性别!

比尔出生的时候父亲已七十三岁,母亲只有三十几。五年后父亲过世,因此他几乎都是妈妈带大的。比尔从都柏林的医学院毕业以后,跟随从德国避难过来的犹太科学家学习研究细菌的方法,因此掌握了细菌学研究技术,并且成为细菌遗传研究的先驱。1950 年，比尔在剑桥研习，有机会跟莱德伯格的研究伙伴卡瓦利（Cavalli–Sforza）熟识，并且从他那里取得突变型的大肠菌，从此有了研究利器。

比尔对细菌的交配行为深感兴趣，他想弄清楚前述莱德伯格的实验中基因交换的时机，于是取了两株大肠菌，A 和 B。现在它们除了各自有一些不同的基因缺陷，必须额外添加不同的营养素到基本培养基才能生长之外，还有抗药性的差异：对抗生素链霉素有抗药性的那株，就算培养基加了抗生素照样会生长；对抗生素敏感的那株，碰到链霉素就无法生长了。

比尔的第一个实验设计是，A 怕抗生素，B 有抗药性，AB 混合后可以在加了抗生素的基本培养基里面生长。第二个实验设计是，A 有抗药性，B 怕抗生素，一起培养在加了抗生素的基本培养基里面，没有长出细菌群落来。第三个实验设计是，A 和 B 都怕抗生素，在混合于基本培养基之前，A 先用抗生素处理过，结果有新的细菌群落长出来；但是在混合培养之前，B 先用抗生素处理过，则没有出现细菌群落。

为什么？比尔解释，A 是阳性，B 是阴性，交配是单向的，基因只会从阳性转移给阴性，不会从阴性转移给阳性。只要 B 没有死掉，就可以从活着的或刚死了的 A 获得基因。莱德伯格或比尔他们的实验设计很容易了解，令人怀念。现在已经很少看到像这种清晰明快的实验设计了。

沃森在《双螺旋》一书的第二十章，这样描述莱德伯格："1946 年，才二十岁的莱德伯格就宣告细菌有交配行为，

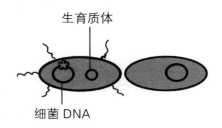

生育质体

细菌 DNA

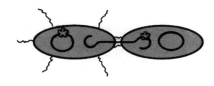

图 6-5　生育质体可以引导细菌发生接合，细菌的基因在接合之际传播。

并且显现了基因重组的现象，震惊了生物界。"也写到他在1952 年听到比尔演讲的感想："在他开口前，除了卡瓦利之外，没人知道他这号人物。但在他发表那篇报告以后，每个听众都发现这位明日之星已在莱德伯格的专攻领域内投下了一枚炸弹。"（引自时报文化中译版）

现在我们知道比尔的大肠菌里面有一种质体——也就是环状的 DNA。这种质体可以说是大肠菌的寄生虫，也可以说是大肠菌的雄性基质，通称"生育质体"，个子挺大，绕一圈下来有将近十万对的核苷酸。生育质体的组成不简单：它有很多个基因，有的负责合成一条鞭毛，有的负责排除已经拥有生育质体的交配对象，有的负责传送 DNA（图 6-5）。生育质体很重要，可能是所有生物的性的祖先。也许一开始，细菌因为生育质体而有了性，于是得到生存的优势。后来经过质体嵌入宿主的基因体、基因突变、被更具优势的基因取代等等历程，而有了各式各样的性与生殖方式。

利用电子显微镜可以看到细菌会接合，并通过接合传递基因。这个图像让一些人觉得很有娱乐性，因为接合看起来根本就像性交嘛。细菌的接合现象就是生育质体的作用。细菌接合之后，质体就经由鞭毛顺利进入另一个细菌体内，让另一个细菌也可以对其他没有生育质体的细菌伸出鞭毛。更重要的是，有些生育质体会嵌入细菌的基因体，这时候细菌的部分基因会跟生育质体的部分基因一起转移到另一个细菌，另一个细菌就有机会把这些基因组合到自己的基因体里面。

接合是科学家发现的细菌的第二种性。

基因快递员

莱德伯格接着用两株基因突变种的沙门氏菌，一株必须额外添加两种营养素到基本培养基里面才能生长；另一株则需要另外三种营养素，这两组细菌培养在一起，会产生新的基因组合，新组合的细菌就不必依赖外加营养素，在基本培养基就可以存活，大约每十万个细菌会产生一个这样的新生代。到此为止跟大肠菌的接合是一样的。

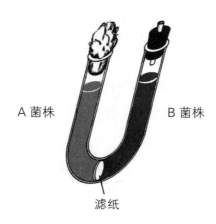

A 菌株　　　　　B 菌株

滤纸

图 6-6　被滤纸隔开的菌株通过噬菌体转导基因

现在莱德伯格让两组细菌分别在 U 形管两边生长，中间用滤纸分隔。记得吗？大肠菌被滤纸隔开的时候，就不能产生新的组合了，因为它们需要直接的肉体接触。但是沙门氏菌的实验却可以，即使被滤纸隔开，仍然可以产生基因组合全新的新细菌（图 6-6）。为什么没有接触的细菌可以互相转移基因？

性的胶囊

莱德伯格认为，这个结果表示有一种媒介，可以转导（transduction，即将一个细菌或细胞的基因传递给另一个）两组细菌的基因。他用缝隙不同的滤纸反复实验，根据媒介

可以通得过的滤纸缝隙的尺寸，猜测媒介应该是一种叫作 P22
的病毒，后来果然得到了证实。

　　细菌的病毒也可以叫作噬菌体。病毒侵入细菌后，在细
菌里面复制自己的遗传物质和组成病毒的零件，然后打包成
新的病毒，等到病毒成功复制 100 倍或 1000 倍，细菌就被病
毒撑破了，病毒就释放出来了。有时候病毒这个赶时间的房
客打包错误，虽然顺手牵走了细菌房东的一些基因，却遗留

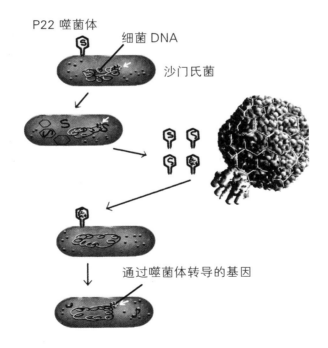

图 6-7　微小的噬菌体就像是性的胶囊，在细菌的世界里扮演基因
　　　　快递员的角色。

下自己一部分的家当，因此是有缺陷的病毒。如果这种有缺陷的病毒可以感染其他细菌，却不会复制自己使细菌爆破，它们顺手牵走的细菌基因就可以在各种细菌之间转导，于是细菌就有机会交换基因，形成新的组合（图 6-7）。这种途径很难说是一种性，却达到了性的效果。我们可以说媒介的病毒是一种性的胶囊，被滤纸分隔的细菌就像牛郎、织女在夜空里遥遥相望，而性的胶囊则正是"他们"交换基因的媒介。

细菌如何获得抗药性？

　　细菌的抗药性会如大火燎原般地传播，凭借的正是有抗药性的细菌和没有抗药性的细菌之间的性行为。

　　抗生素是一些可以抑制细菌生长、繁殖的物质，最早发现的抗生素是自然界中其他微生物（例如霉菌）制造的。1927 年英国的弗莱明（Alexander Fleming）发现的第一种抗生素青霉素，就是青霉菌的分泌物。后来科学家依据这些原始物质的化学结构加以修整改变，以人工合成或半合成的方式制造了许多不同的抗生素，到今天用来治疗人类细菌感染的抗生素已经有几百种。

　　细菌的分裂繁殖非常快速，有的每 20 分钟就可以复制一套基因体并且分裂一次，因此有很大的机会产生基因突变，甚至衍生出不怕抗生素的新生代。当大部分细菌被抗生素杀死的时候，少数抗药性细菌却得到更大的生存空间，并且不断繁殖后代。这个情形正是人造的物竞天择：使用越多的抗生素，我们人体内筛选留存的抗药性细菌就越顽固。这些抗药基因又可以经由转化、接合或是转导的方式，传播到其他细菌身上，于是抗药性细菌比例就愈来愈大。

中国台湾地区许多常见的致病细菌有很大比例的抗药性情形：例如造成肺炎、中耳炎、鼻窦炎最常见的细菌是肺炎双球菌，以往青霉素是治疗肺炎双球菌感染最重要的药物，现在台湾地区肺炎双球菌对青霉素产生抗药性的比例已经高达 70% 以上，试想这对民众是多大的威胁！又如金黄色葡萄球菌对苯唑西林钠具抗药性的比例已经超过 50%，有些医院甚至高达 80% 以上。金黄色葡萄球菌可造成人体各个部位的感染，包括皮肤上的脓疱、蜂窝组织炎、关节炎、骨髓炎、肺炎等等，而医生最常用来治疗的苯唑西林钠竟然有一半以上的概率是无效的。

为了对抗这些抗药性菌种，科学家绞尽脑汁发明新的抗生素。20 世纪 50 年代，美国礼来（Lilly）药厂通过传教士取得了来自婆罗洲丛林深处的泥土，药厂从这把泥土中分离出万古霉素，并且在 1958 年就取得美国食品药物管理局认证。由于这种药必须从静脉注射，口服不能吸收，而且早期产品的成分不纯，会对肾脏和听神经产生毒性，所以万古霉素一直放在最后一线，几乎没有人使用。等到苯唑西林钠这一类改造过的青霉素渐渐失效了，万古霉素才又重现江湖。但是自从 1988 年发现了对万古霉素具有抗药性的肠球菌，1992 年实验室证实肠球菌抗万古霉素的基因可以传递给金黄色葡萄球菌，就有人预期，对万古霉素具有抗药性的金黄色葡萄球菌迟早会出现。

2002 年，全球首例对万古霉素具有抗药性的金黄色葡萄球菌的个案，果然在美国密歇根州出现了。一个四十岁的长期洗肾的糖尿病患者，从一年前就因为慢性足部溃烂而使用了许多种抗生素，包括万古霉素进行治疗。随后洗肾用的人工血管被感染，造成金黄色葡萄球菌败血症，必须以万古霉素治疗。后来患者再度发生皮肤感染，从洗肾导管以及皮肤的伤口做细菌培养，结果分离出可以对抗万古霉素的金黄色葡萄球菌。美国疾病控制与预防中心后来证实，这个洗肾病患身上的菌株，同时具有抗万古霉素以及抗苯唑西林钠的抗药基因。

从细菌抗药性的来源，可以明了细菌的性生活对人类造成了巨大的威胁。如果细菌只有无性生殖，只能一分为二地分裂，新生代的基因与原来的细菌无异，抗药性的来源唯有基因突变，而同时突变产生两个抗药基因的机会微乎其微，因此使用两线抗生素就可以消灭病菌。但是真实世界里的细菌有性生活，可以通过转化、接合、转导的方式从别的细菌取得基因，然后再无性繁殖，于是短时间之内各式各样的抗药基因就会在细菌的世界里流传。性的重要性在此可见一斑！如果没有性，细菌哪能对抗人类的淘汰手段？

第七章

最初的有性生殖

细胞核是怎么产生的？

现存生物中构造最简单的是细菌，细菌应该就是现存所有生物共同的祖先。问题是，细菌跟我们的细胞构造相差太多，它必定是经过非常剧烈的天择压力，才会从没有细胞核的单细胞生物进化到有细胞核的原生生物，乃至多细胞的动植物。

有核的细胞跟没有核的细胞相比：一个是从总管理部、生产线、能源部到资源回收部门都有严格分类，而且有内部通道连接的现代化工厂；另一个则宛如所有生产工具、原料、产品都堆放在客厅的家庭代工场所，难怪有人说细菌的组成就像是一串遗传物质泡在一包太古浓汤里面。

细胞联姻

没有核的细菌进化到有核的细胞之后，由于生产力大幅增加，就有多余的能量可以用来增加运动的效率，或进行分化，建构细胞之间互相帮助的多细胞生物体。因此细胞核的诞生就是地球生命史上一个重大的事件了。有一种说法，主张有核的细胞的来源，是一个没有核的细胞"甲"吞噬了另一个没有核的细胞"乙"，结果两个细胞都存活下来了，而且乙利用甲的细胞质进行生命活动，而甲也利用乙的基因，并且把一部分的甚至整套的基因存放在乙里面，于是被吞噬的乙变成细胞核。这个说法叫作内共生理论，通常细胞内的胞器，例如线粒体或叶绿体，是起源于被细胞吞噬的细菌，由于它们可以跟细胞互利共生，就构成了细胞的一部分。细胞核的来源也可能是内共生的结果。（图7-1）

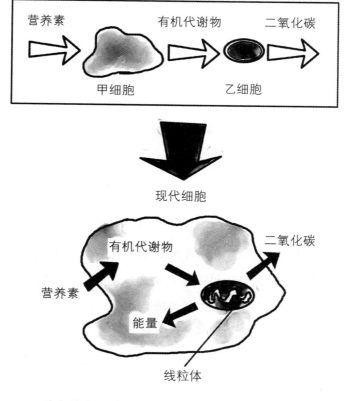

图7-1　一种内共生的过程。甲细胞吞噬了乙细胞之后，乙在甲细胞内获得食物，而那原本是甲的废弃物；而且乙还利用这些废弃物产生能量供甲使用。由于甲乙双方都得到好处，于是形成稳定的共生关系，变成新种。

　　动植物细胞都有的线粒体是细胞的发电厂，我们吃进去的营养素进入细胞后，在线粒体转换成能量，能量储存在生物电池（ATP）里面，就可以运送到细胞各部位或细胞外供应活动所需。线粒体有自己的DNA，科学家主张线粒体的来源是一个真核细胞吞噬了一种变型菌以后，由于细胞和变形菌可以互相从对方得到好处，于是形成互利的内共生状态：两个生物体合成一个生物体。这种关系有如嫁娶，联姻的双方如果产生互利的关系，就有机会形成稳定的有机体而且一代传过一代。

　　植物的色素体（叶绿体）也是没有核的蓝绿菌被有核的细胞吞噬之后，共同营造内共生的结果。蓝绿菌的叶绿体可以将太阳能转变为生物能，因此在它变成真核细胞的一部分以后，借着真核细胞高度发展的功能，逐渐进化出多细胞的绿色植物。当今这个世界所有绿色植物的叶绿体的来源，就是20多亿年前嫁给一个真核细胞的蓝绿菌。生物有了叶绿体以后，生活地区扩大到几乎只要有阳光就可以生存的地步，可见内共生多么重要。

横的移植

　　酵母是古老的真核细胞，科学家发现，酵母细胞核内的蛋白和古菌的蛋白十分相似，但是酵母菌细胞质中的蛋白则比较近似细菌的蛋白，这表明已经进化出细胞核的酵母是古菌和细菌内共生的成果。

　　细菌吞下古菌产生有核的细胞的说法不是没有人质疑，麻省理工学院的哈特曼（Hyman Hartman）就认为，细菌没有办法吞下跟自己差不多大的细菌或古菌。为了解开细胞核的起源之谜，他比较了酵母、果蝇、线虫以及阿拉伯芥等有核生物的蛋白。这些生物体共有的蛋白总数约 2000 种，除去那些早在细菌和古菌时期就有的蛋白，剩下约 900 种，再剔除太晚近才出现的蛋白，剩下的就是真核细胞形成初期的组成蛋白。

　　哈特曼发现，剩下的 347 种蛋白的主要作用是形成细胞骨架。细胞骨架是细胞的运动系统，就像我们的骨骼加上肌肉的作用一样，有了细胞骨架，这种细胞就可以长得比较大，而且有力量吞噬像细菌一般大小的食物。于是哈特曼假设，20 多亿年前，也就是真核细胞诞生的前夕，曾经有一种含有骨架的吞噬细胞，它吞下了古菌和细菌，经内共生形成一个有核的细胞。他称这种有骨架的细胞为吞噬细胞（Chronocyte），取名自吞噬自己孩子的希腊神祇克罗诺斯（Cronus）。依据他的说法，真核细胞（Eukaryot，简称 E）是古菌（Archaea，简称 A）、细菌（Bacteria，简称 B）和吞噬细胞（简称 C）经内共生形成，亦即 E=A+B+C。他的说法跟以往学者所提出的 E=A+B，亦即真核细胞的来源是古菌和细菌内共生的结果，有所不同。（图 7-2）

　　从没有核的细菌进化到有核的细胞，不是由于基因突变，

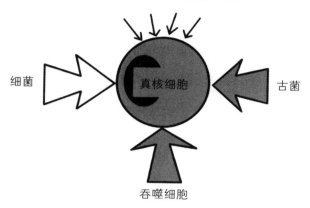

图 7-2　真核细胞可能是由原始无核的细菌、古菌、吞噬细胞，以及游离的基因、质体等共同形成。

也不是同种之间通过性来重组基因。而是类似清末民初，中西文化论战的时候，有人提出的"横的移植""中学为体，西学为用"的过程，是活生生一整个吞下特性完全不同的另一个生命体，是旧瓶装新酒。这个办法，看起来对于增进应付环境变动的能力一事，效果还不错。

酵母的性生活

　　酵母菌不是细菌，细菌还没有细胞核，酵母菌则是一种有细胞核的单细胞真菌，和我们日常生活的关系非常密切。今天吃到了面包、馒头、面条，或是用到了酒精吗？它们可都是酵母菌帮我们加工的产品。在无氧的环境中，酵母菌会让糖类发酵成二氧化碳和酒精，在发酵的过程中酵母可以得到生命所需的能量，人类酿酒保留酒精，既可当作医疗用品或食物，也可以拿来当作能源，面团则靠二氧化碳发起来。酵母菌也可以在有氧环境生长，这时会改成有氧呼吸，长得更快更好。法国微生物学家巴斯德发现，给发酵槽打氧气气泡，酵母的发酵作用就会中止，我们现在称这种现象为巴斯德效应。

酵母变性

酵母的细胞有两种生活形态，单倍体（1n）和二倍体（2n）。它们都可以出芽生殖，从一个菌球冒出一个小球，就像手工制作鱼丸一样（图7-3）。一个酵母菌可以出二十几个芽，芽离开后会留下一个疤，从疤的数目可以知道酵母的寿命。有的酵母有长寿基因，目前已知的长寿基因有17种，这些酵母有多出三分之一的寿命，它们身上会有比较多的芽疤。单倍体交配形成二

图 7-3　酵母菌出芽

倍体，二倍体除了出芽生殖以外，在环境不好的时候，例如温度太高或营养素太少时，还可以形成孢子：它会缩减一切生理活动躲在避难装备里面，一个二倍体在坚固的子囊里面，并且在环境好转之前减数分裂形成四个单倍体的细胞，伺机破壳。所以酵母菌有两种生命阶段——无性世代和有性世代（图 7–4）。

酵母有两种交配类型，分别称作 a 和 α（阿尔法），这

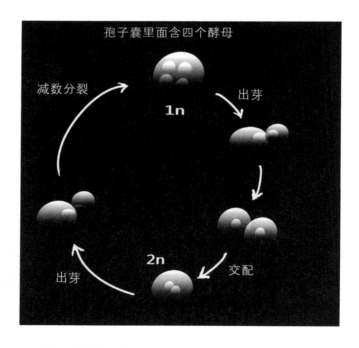

图 7–4　酵母的性生活史。从孢子囊蹦出的酵母菌可以进行无性的出芽生殖，也可以交配形成有性世代。无性生殖和有性生殖交替是酵母菌的性跟人类不一样的特点。

是酵母菌的性，在这里姑且称之为第一性和第二性。为什么可以称之为性？因为只有不同性的酵母菌才可以交配产生二倍体。有趣的是，假设有人培养一些第一性的酵母菌，后来限制了营养素的供给，这时酵母必须准备交配形成孢子。问题是，只有一种性要怎么交配？它们有好办法，酵母的性别是由交配基因座（Mat）决定的，但是在交配基因座的两旁，分别有第一性和第二性基因；交配基因座上面是什么性基因，酵母就是什么性。此外，酵母还配备一把特制剪刀，专门剪裁交配基因座上面的基因，它剪一口，基因就被移除，另一型的基因就会被拷贝、转换进来，性别就改变了。酵母菌喜欢交配，因此纵使只培养第一性酵母，它也会动用特制剪刀来生成第二性，接着就可以进行有性生殖和形成孢子了。如果要培养单性的酵母菌，只要除掉它的特制剪刀，酵母就没办法变性了。

有性生殖的好处

之前我们已经见识过细菌的性行为了，但细菌毕竟是采用无性的分裂生殖。细菌经过进化，到有核的、有二倍体的酵母这类生物出现，地球生物才真正开始有性生殖，也就是需要两性基因混合，产生新的世代。有性生殖有很多好处，例如，经过减数分裂可以有机会甩掉比较不好的基因版本，通过交配则有机会取得比较好的基因版本，让下一代有更好的武装配备，应付天地无情的变迁。另外，生物会被入侵，或必须侵入其他生物的生活当中才能生存，就像疟原虫跟人的关系一样。因此生物必须时时调整自己的遗传物质，那里面有各种战略和武装，交战的双方（侵入者和被侵入者）唯有灵活调整武器装备，才不会被击垮。这一点也要靠性来达成，因为性就是基因重组和远缘杂交，就是基因的交换、分享。

　　酵母的有性生殖已经具备这些功能，为什么不干脆说它们也分成雌雄两性，就像人类一样？我们的两性分别有大型的卵子和小型的精子，酵母菌的单倍体则一样大。从进化的角度来看，制造大量小型配子的个体有机会产生比较多个后代，但是制造少量大型配子的个体则比较能让胚胎发育成功。因此这两种方式都有利于生存，分别是以量取胜或以质取胜。进化树上比较原始的物种，例如酵母，还保留有形态相同的配子；比较高阶的物种则需要严选的精子，和资源充裕、有许多信息指令的卵子，以利于胚胎形成。单细胞生物衣藻的配子，没有大小之分；而可以有多达50000个细胞一起过社会生活的团藻，则有大、小配子，也就是雌、雄配子。有的生物的性别不是雌、雄二分，而是分成许多交配型，不同的交配型之间才能交配，例如有一种原生动物，单细胞的四膜虫，有七种交配型；有一种菇叫作裂褶菌，甚至有多达28000种交配型。相较之下，人只有两性，就单纯多了。

永恒的婚姻

　　线粒体和色素体是细胞吞下细菌，发生内共生的结果。有核的细胞会不会吞下另一个一样有核的细胞，产生第二度的内共生历程？科学家发现，有一些藻类就是历经几度内共生所形成的物种。西塔隐藻，一种长着两根鞭毛，有一大一小两个细胞核的单细胞海藻，就有这么不同凡响的进化史（图7-5）。加拿大的科学家苏珊（Susan Douglas），花了几乎一生的精力，一步一步解开这种隐藻的进化之谜。

西塔隐藻企业集团

　　西塔隐藻在单细胞生物的世界中是个奇特的物种，含有两个核，其中小的核称为"核形体"。核形体是退化的细胞核，科学家臆测核形体是在进化过程中，融入隐藻细胞的另一个真核细胞（红藻）退化的残核。

　　西塔隐藻就像是一家大公司并购了另一家业绩良好的小公司所产生的企业集团。集团的总管理部、内部通道和能源部是来自大公司，也就是有核的单细胞原生动物宿主，小公司则贡献了掌握专利的太阳能部门（色素体）和驻地管理部（核形体）。因此，西塔隐藻企业集团就有四种基因体：除了能进行光合作用的藻类都有的线粒体、色素体和细胞核基因体，

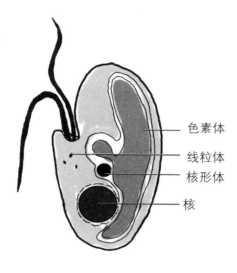

图 7-5　宛如企业集团的西塔隐藻

还多出一个核形体。这四个基因体每一个都有特定的厂房，它们在各自的厂房里面制造独门的生活必需品，供企业集团使用。

核形体的遗传物质很特殊：有三条染色体，基因排列很致密，我们知道基因的信息是由一小段一小段的编码（叫作外显子 [exon]）构成的，基因要生产什么样的蛋白，记录在外显子上面；外显子之间有不编码的插入子（intron），核形体的插入子就特别小，像是一本没有穿插广告的专业期刊。另外，隐藻的有些蛋白也比其他物种同一个来源的蛋白来得小，可以想见为了内共生，隐藻确实想尽办法让体内的机器往微小化的方向改变。

宛如俄罗斯娃娃的西塔隐藻的这四个基因体，经过数百万年的经验，已经发展出像管弦乐团演奏交响乐一般精确的合作与互补关系。例如，进行光合作用的色素体的有些基因已经转移到核形体或细胞核，因此太阳能部门的工作会动用驻地管理部和总管理部的工程师；驻地管理部也尽量把代谢作用的基因集中到总管理部去了，人事变得很精简，不会重复。以前大公司只能利用有机物生产，现在却能利用太阳能把无机物合成有机物，自制原材料了。

不稳定的合伙关系

日本的科学家也发现了一种会进行光合作用的鞭毛虫，它的内共生现象还没稳定，可能是正在进行内共生、正要成型的新物种。这种鞭毛虫有两根鞭毛，一端有进食的胞器。有趣的是，它吞噬了同一个水域的绿藻以后，绿藻演变成一个色素体留在鞭毛虫体内。拥有色素体的鞭毛虫现在可以利用太阳能行光合作用了，所以它不必吃有机物了，于是嘴巴退化，取而代之的是可以带着它寻找光线的眼睛。色素体有自己的基因体，但是它复制的速度跟不上鞭毛虫分裂生殖的脚步，于是在鞭毛虫进行分裂生殖，一只分裂成两只的时候，新生的鞭毛虫只有一只分配到色素体，这一只也只有眼睛没有嘴巴；另一只没有分配到色素体的鞭毛虫则会回复到有嘴巴、没有眼睛的形态。

　　物种要应付多变的环境压力，必须要有策略，才能通过艰难的考验，迈向未来。基因"突变"和通过"性"引进DNA是其中两条策略。西塔隐藻和鞭毛虫这些奇妙的生物则揭示了"内共生"也可以达到一样的目的，这是克服艰难考验的第三种策略。

漂泊的疟原虫

　　单细胞的原生生物当中有一大类，叫作顶复门，这个称呼是因为它们的顶端有一个复杂的构造，会分泌一种穿墙神水，因此它们可以自由进入选定的细胞（图 7-6）。顶复门原虫只能寄生，必须寄居在其他生物的身体里面。其中跟人类有关的、最著名的是疟原虫和弓浆虫。

　　顶复门原生生物有三组基因体：除了细胞核和线粒体，顶复门原虫特有的质体也有自己的基因体。顶复门质体和原生藻类的色素体不一样：它不是进行光合作用的基因体，到底有什么作用还是一个秘密，目前仅知顶复门质体的基因和一些脂肪酸的合成有关。没有顶复门质体的疟原虫没有办法存活，它是疟原虫不可或缺的同居人。有人就想，既然疟原虫的抗药性越来越强，或许可以针对同居人特有的基因活动设计药物，达到治疗疟疾的目的。

正在侵入红血球的疟原虫

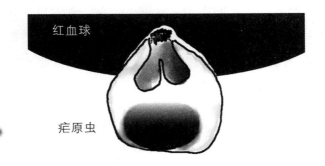

图 7-6　疟原虫属于顶复门原生动物，顶部有一个复杂的构造，让它可以凿洞穿入红血球。

漂泊的性

　　疟原虫是一种繁殖方式比较复杂的单细胞生物，造成人类疟疾的疟原虫的生活史，牵涉到人和疟蚊。疟蚊叮咬人类的时候，拥有一套基因体（1n，14 条染色体）的疟原虫随着雌蚊的口水进入人体，在肝细胞里面复制几百倍或几千倍之后，肝细胞破裂、释出小虫到血液中，小虫搬进红血球里面谋生。疟原虫在人类肝脏内停留、复制的时间约十几天到一个月，也有人在疟疾初次发病的三十年后又复发的，病因就来自躲在肝细胞里面的疟原虫。红血球里面指环形的小虫会渐渐长大，长成大型的原虫，然后分裂几次后产生更多的小虫。

可以看出来，疟原虫进入人体后，不论是在肝细胞还是红血球里面，都是进行无性繁殖。此外，红血球里有一部分疟原虫会变成配子体，也就是还没成熟的性细胞，一样是单套基因体，但有雌雄之分。雌蚊吸吮人血的时候，配子体就随着血食进入疟蚊的消化道。

在疟蚊的消化道里面，一个雄配子体分裂成四到八个雄配子，也可以说它们就是精子；雌配子体则成熟为一个卵子。雄配子和卵子交配后形成会动的卵动体（1n → 2n），这是疟原虫的一生当中唯一有两套基因体的短暂阶段。从雌蚊吸入配子体到交配完成只有 30 分钟，然后卵动体穿透肠壁变成一个囊体，开始进行减数分裂（2n → 1n）；经过一两周，囊体成熟，现在里面已经分裂出许多只只有一套基因体的疟原虫；原虫移动到疟蚊的唾液腺，等待时机进入人体（图 7-7）。

所以疟原虫在蚊子体内进行了有性生殖。有性生殖的对象可能基因体完全相同，来自同一个虫株；也有可能人类宿主体内有不同来源的疟原虫，这时有性生殖就有机会造就由远缘基因重新组成的下一代。

最奇特的是，无性的疟原虫进入人体后，就作为一套基因体面对人体的环境了，但是这一套基因却可以产生雄配子和雌配子这两种很不一样的性细胞。

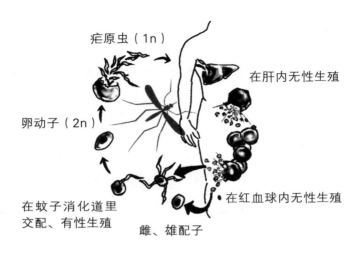

疟原虫（1n）

在肝内无性生殖

卵动子（2n）

在蚊子消化道里
交配、有性生殖

雌、雄配子

在红血球内无性生殖

图 7-7　疟原虫的性生活史

性的算计

在人体里面，雄配子体和雌配子体的比例通常大约是 1
比 3 到 1 比 4，等到配子体被雌蚊吸入，一只雄配子体会分裂
成好几只雄配子，这样一来雌雄配子的数目会接近一比一。
就一般情况而言，两种配子数目越接近越有利于结合，越有
利于产生后代。但是有几个情况下，两性比例会改变，这些
改变看来都有利于疟原虫生存。

疟原虫在人类宿主的红血球里面无性繁殖，吃血红素维
生，被寄生的红血球几天内就会破裂，红血球能撑几天是由

疟原虫的品种决定的。过一段时间以后，饱受摧残的宿主可能出现贫血，这时候血液里面雄配子体所占的比例会增加。好处是，人类宿主的贫血使得疟蚊只能吸到较少的红血球，吸到的配子体也就跟着减少，必须寻寻觅觅才有机会交配。由于鞭毛状的雄配子会游动，这时候雄配子比例高会比较有利于交配繁衍。同样的道理，由于人类针对鞭毛产生的抗体会减弱雄虫的交配能力，疟原虫的因应之道就是多补充一些雄配子体。

　　如果人类宿主发生混合感染，体内同时有不同来源的疟原虫的时候，配子体的性别分布也会偏向比较多雄性。这是因为多一些雄配子体，等它们进入疟蚊体内，将分裂成几倍之多的雄配子。追逐静态的雌配子是雄配子的拿手绝活，因此不论就数量或质量而言，雄配子都比较有机会让基因流传给下一代，不同株系的疟原虫争相调高雄性比例是成功的进化策略。

　　疟原虫在人体内大部分是无性的虫体，只有少部分是配子体。有性配子体跟无性虫体的数量比大约是 1 比 10 到 1 比 256，不同的科学家给我们的数据相差很多，主要是显微镜解析度的问题，分辨率不好的时候很难分辨有性或无性的虫体。为什么有性配子体的数目会远低于无性虫体？这是因为蚊子消化道里面如果有太多有性配子交配产生的卵动子，不久这些卵动子要穿透肠壁形成囊包，对蚊子是一种伤害，反而会减少疟虫繁殖的机会。因此疟原虫的策略是让大部分新生代维持无性状态，在人体内行无性繁殖；少部分则进入有性状态，装满有性配子体的红血球会移向皮下，静待下一只疟蚊光顾。

在人的血液和蚊虫的唾液中漂泊的疟原虫，兼备有性和无性两种繁殖方式，对它的存活很有帮助。在适当的人体环境中，无性繁殖可以确保新生代的疟原虫继续维持上一代适合生存的基因；若遭逢困境，譬如宿主产生抗体，或吃药，这时疟原虫就可以利用有性生殖重组基因，借以改变自己或是取得抗药基因，增加生存的机会。

疟疾之所以成为世界卫生组织指定的必须最优先预防的传染病，原来背后有其成功进化的理由。

第八章

抢钱、抢粮、抢娘们的恶霸客

恶霸客抢地盘的绝招

在许多昆虫、蜘蛛、线虫类和甲壳类动物身上，可以找到一种寄生的细菌，叫作 Wolbachiae；这个名字现在还没有约定俗成的中文译名（中国大陆一般译作"沃尔巴克氏体"），请容许我姑且称之为恶霸客。这些动物当中大约 25% 到 75% 已经被恶霸客寄生了。恶霸客从一个宿主传到另一个宿主，利用的交通工具是宿主的卵。也就是说，如果一只雌的昆虫身上有恶霸客寄生，等它产卵的时候，卵里面也会有恶霸客，所以下一代先天就带着恶霸客投胎到世上来（图 8-1）。

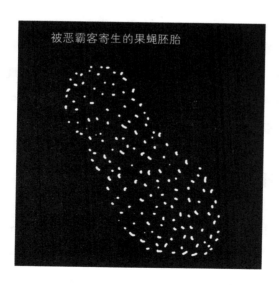

图 8-1　科学家利用荧光剂，给恶霸客染色，寻找恶霸客的踪迹，结果发现果蝇胚胎内充满了不速之客。

　　卵可以被当作恶霸客搭乘的工具,精子就不行。这是因为卵有许多细胞质,是恶霸客吃住的好环境;精子的细胞质则非常少,而且受精的时候,精子没有一整个进入卵子,只有细胞核进入,因此就算恶霸客寄生到了精子里头,也进不了受精卵。住在雄性动物细胞里面的恶霸客等于进入了死胡同,没有办法借着受精的机会传播到下一代。

　　恶霸客跟蚊子的关系紧密,美国的立克次氏体专家沃尔巴克(S. B. Wolbach),在蚊子卵巢里看到恶霸客,认出它是一种立克次氏体,跟斑疹伤寒、落矶山出血热、莱姆病等致病菌是表姊妹。之后过了三十年,科学家注意到有些蚊子明明是同种,却没办法交配繁殖。之后又过了二十年,到了20世纪70年代,科学家才把这两件事兜拢在一起。但是恶霸客只能在寄主细胞内生存,实验室根本没办法培养,所以一直到PCR(聚合酶链式反应)问世,彻底革新了现代生物学的研究方法,人们才能利用恶霸客的DNA追寻它的踪迹,也才发现恶霸客利用寄主的生殖发明的独门生存策略。

肥水不落外人田

　　恶霸客有很多强占地盘的狠招。第一招:肥水不落外人田,恶霸客寄生的雄蚊只让恶霸客寄生的雌蚊受精(图8-2)。

　　恶霸客是个狠角色,控制欲十足。现在它住在一只雄蚊子身上,还能作何盘算?它的办法可高明了:既然没办法通

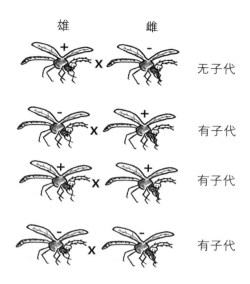

图 8-2　昆虫被恶霸客寄生之后，它们的生育情形会受到影响。图中 + 表示被寄生，– 表示没被寄生。通过卵子传播的恶霸客会让结果对自己的生存最有利。

过精子迁徙到房东的子子孙孙身上，那么就干脆让房东断子绝孙，让房东的精子进不到卵子里头——除非卵子也被恶霸客寄生了。这样做可以免于制造出一堆没有恶霸客寄生的蚊子，竞争房东的地盘。雄蚊子房东可以跟也被同一种恶霸客寄生的雌蚊成功生产下一代，这些新生的蚊子先天就有恶霸客寄生了。通过这个方法，过了一代又一代，被恶霸客寄生的蚊子就越来越多了。在甲虫、黄蜂、蛾、果蝇、虾子的生活中，也可以看到恶霸客用同样的策略扩张版图。

　　科学家推想，恶霸客一方面会在精子里下蛊，让精子变得很没用，另一方面给卵子解毒剂，这样一来精子纵使进了没有解药的卵子，它们还是很难成为受精卵，只有进入有恶霸客寄居的、因此有解药的卵子，才能成功生产下一代。更特别的是，恶霸客有不同的品种或株系，被不同的恶霸客感染的雌雄寄主之间无法受精，这样一来就很有趣了：寄主明明是同一个物种，但是因为寄生物品种不同，结果寄主间产生了交配的藩篱，久而久之，寄主也会进化成为不同的物种。

物种形成通常是地理的隔离造成的，例如达尔文在不同的小岛上看到的雀类，有的雀喙细长有的粗短，它们已经变成新的亚种或新种了。被不同品系的恶霸客寄居的宿主之间没有办法受精生殖，就跟被海洋隔离的物种一样，产生了生殖隔离。纽约罗切斯特大学的韦伦（John H. Werren）怀疑这种生殖隔离可以让原本属于同一物种的族群产生新种，他以两种亲缘关系相近的黄蜂（*Nasonia giraulti* 与 *Nasonia longicornis*）作为材料，它们分别是两种不同株系的恶霸客的宿主。虽然这两种蜂之间有交配行为，但是没有办法成功产生后代（图8-3）。

韦伦拿含有抗生素的糖水喂食这些黄蜂。连续三个世代后，黄蜂体内已经没有恶霸客的踪迹了。现在这两种无菌的胡蜂交配后，不但成功产生后代，而且这些后代也同样具有繁殖后代的能力！这是科学史上第一次证明，生物体内共生的微生物，是维持物种差异的最主要因素，除掉这个因素以后，两个物种根本就是同一个物种。

雄　　　　　雌

有子代

有子代

无子代

无子代

图 8-3　被同一株系（图中背景颜色相同者）的恶霸客寄生的黄蜂，可以交配繁殖后代。被不同株系（图中背景颜色不同者）的恶霸客寄生的黄蜂，则无法繁殖后代。

让寄主处女生殖、雌性化

　　强占地盘第二招：恶霸客让寄主处女生殖，处死雄性寄主胚胎，让土鳖雌性化。

　　二十多年前，一个新型的恶霸客出现在美国南加州的果蝇身上，之后它以每年 100 千米的速度向外扩张版图，到现在全美国甚至世界大部分果蝇的细胞里面都看得到它的踪迹。

为什么恶霸客能够传播得这么快？原来是因为它控制了宿主的性。一只还是处女的黄蜂忙着寻找适合筑巢的泥土，它从早忙到晚，因为它的身体里面住着恶霸客。虽然恶霸客很小，数量却很多。如果把黄蜂小姐的身体放大到像台湾岛那么大，恶霸客也才不过一辆游览车大小，但是台湾岛有多少游览车啊！恶霸客现在让黄蜂处女小姐怀孕了，在它的卵里头动了手脚，让处女的卵跟受精卵一样，拥有两套染色体，而这两套染色体都是这一只黄蜂的染色体，所以它要处女生殖了。

恶霸客为了确保版图，有时候会处死一些物种的雄性胚胎，留下雌性胚胎，当然，这些雌性胚胎以后会制造更多的殖民地供恶霸客使用。有一种乌干达蝴蝶，被恶霸客寄生的族群里边，雌的蝴蝶占 94%，雄的蝴蝶只有 5%，大部分的雄蝴蝶都在胚胎时就被恶霸客谋害了。

恶霸客处死许多物种的雄性受精卵，免得它们孵出来跟雌性宿主竞争食物，事实上，这些雄性受精卵根本就是以后的雌性宿主孵化出来前的第一份食物，恶霸客借此增加宿主的存活力。

恶霸客可以容忍雌的土鳖（又称为鼠妇，性染色体为 ZW）宿主生产雄的小土鳖，可不是手软，而是干脆改变雄土鳖的荷尔蒙浓度，让性染色体明明是雄性（ZZ）的土鳖变性成为雌鳖，拥有雌性的构造，以后也能产卵繁殖下一代，这样就能扩张殖民版图了。

恢复果蝇生育力

强占地盘第三招：恶霸客让不育果蝇恢复生育能力。

果蝇是恶霸客喜欢寄居的对象。一般而言，拥有两套染色体的果蝇如果有两个 X 染色体（XX 或 XXY），就会发育成雌果蝇，如果只有一个 X 染色体，就发育成雄果蝇。这是因为果蝇的 X 染色体上面有一个雌性总开关基因，两个 X 可以让总开关启动，胚胎就发育成雌果蝇；只有一个 X 则雌性总开关锁住，雄性基因开启，胚胎发育成雄果蝇。

虽然决定果蝇性别的基因有时候会有严重的突变，让整个基因的功能完全封锁；但是也有没那么严重的突变，即使两个基因都出了点问题，果蝇还是完整地发育成雌蝇，只是制造卵子的功能受损，变成一只无法生育的雌蝇。美国加州大学伯克利分校的斯塔尔（Diana J. Starr）就养了一堆这种果蝇，她想利用辐射线看看能不能让果蝇突变回来，恢复生育的能力，结果还没照射就看到有一些果蝇好像自动回复了，产了一堆卵，虽然孵化的并不多。斯塔尔马上想到可能是恶霸客干的好事，随后果然在这些果蝇身上找到恶霸客的 DNA。斯塔尔用抗生素（四环霉素）帮这些果蝇除去恶霸客，结果它们又失去了生育力。

　　为什么恶霸客有办法恢复雌果蝇的生育力？斯塔尔推测，由于果蝇的基因并没有修复，所以应该是恶霸客制造了一种蛋白质工具，刚好可以取代突变的基因所没有办法制造的工具，有了这个工具，果蝇的卵巢就可以被用来制造有用的卵子了。

恶霸客间接危害人类

河盲

　　恶霸客的能力真是令人叹为观止。所幸到目前为止恶霸客寄居的对象仅限于无脊椎动物，而比较高等的物种，例如我们人类，还没有被恶霸客寄生的例子。但是人类却是恶霸客的间接受害者：有一种悲惨的疾病叫作河盲，被描述为"一串盲人扶肩走"，流行于中非、南美、阿拉伯半岛，致病原因是一种寄生虫，尾巴卷卷的，叫作盘尾丝虫。盘尾丝虫（以下简称"丝虫"）借着黑蝇叮咬进入人体，顺着血液流经眼球内部，引起眼球发炎，甚至造成失明（图8-4）。

　　1995年，科学家开始研究丝虫的DNA序列，结果无意中在丝虫的检体内查到恶霸客的基因。至今几乎各种丝虫体内都找得到恶霸客的踪迹。恶霸客和丝虫之间不是损人利己的寄生关系，而是互利共生的关系。有的丝虫虽然身体里面有

图 8-4 盘尾丝虫使人眼睛瞎了，造成一群盲人扶肩走的悲惨景象。科学家发现，造成河盲的真正罪魁祸首可能是寄生在丝虫身上的恶霸客。

恶霸客，但是活得好好的；如果用抗生素杀灭了恶霸客，丝虫反而失去活力。有一种寄生在牛身上的丝虫，灭菌以后就死了。另外有些丝虫灭菌以后就失去了生育能力。

德国科学家给非洲加纳的河盲患者服用四环类的抗生素，患者体内致病的丝虫就停止了繁殖。他们发现，要治疗丝虫造成的疾病，抗生素的效果比杀虫剂来得好；而且杀虫剂每六个月要使用一次，抗生素则只要一次就够了，病患更容易办得到。

　　借由控制丝虫的共生细菌就可以控制丝虫疾病，这当然很令人耳目一新。但是细菌和丝虫的恩怨情仇现在又有更进一步的发展：科学家利用小鼠做实验，发现会造成眼盲的丝虫都有恶霸客寄居，没有被寄居的丝虫不会造成重大疾病。美国有个研究小组在小鼠眼睛内发现了一个分子感受器，这个感受器对恶霸客特别敏感，恶霸客通过感受器时会引起免疫系统强烈的反应。绕了一大圈，说不定恶霸客才是盘尾丝虫病的根本原因。如果被绑架的丝虫只是无辜的木马，屠城是恶霸客的杰作，盘尾丝虫病的真相说不定是恶霸客病，就像我们虽然说"木马屠城"，但是屠城的其实是希腊人，哪里是木马！

想办法利用恶霸客

　　既然恶霸客这么轻易就可以在小动物之间扩张势力范围，科学家开始想是不是可以利用恶霸客来改变以小动物为媒介的疾病。例如，我们知道疟疾是以蚊子为媒介的疾病，也许科学家可以在恶霸客的基因体内插入一段可以对抗疟原虫的基因，然后再拿这种基因改造的恶霸客去感染蚊子，以几何级数扩张版图的恶霸客也许很快就会出现在许多蚊子体内，激发蚊子产生疟原虫抗体，疟原虫就再也无法在蚊子体内繁殖了，它的生活史一旦缺了这一半，每年在非洲害死100多万个孩童的疟疾就受到控制了。对其他病媒如传播昏睡病的采采蝇，传播稻作疾病的叶蝉，或许都可以借恶霸客来发布对抗病原的信息。

这些想法当然不一定能够实现，说不定找不到抗体基因，恶霸客或病媒也不一定能够表达这种基因，不过利用恶霸客运送基因给雌性病媒，再通过它们传播给下一代，或许有事半功倍的效果。

科学家还发现有的恶霸客非常狠毒，会让宿主果蝇的寿命缩短到原来的一半以下，利用这种品系的恶霸客感染蚊子，或是找出狠毒基因，交给已经成功寄生在蚊子体内的恶霸客，可能也是控制疾病的办法。

第九章

X、Y，到底是什么东西？

性的层面

小孩诞生是一件大喜事，我们祝贺亲友生小孩，生男叫作弄璋，生女叫作弄瓦。璋是玉器，古时候拿玉器给男孩玩，期望他将来有如玉一般的品德。瓦是古时纺织用的陶制纺锤，古时候拿陶制纺锤给小女孩玩，期望她将来能擅长女红。弄璋弄瓦的说法源自古老的《诗经》，虽然今天这个时代对于生男生女的社会期待跟古时候很不一样了，但是男女毕竟存在着先天的差异，既然有先天的差异就免不了造成心理和能力层面各擅所长，因此不论古今无分东西，性别总是附带着一些特质或规范。对人类而言，性不仅包含性别、繁衍乃至性爱，更重要的是，在这些功能之上，还有一层科技面跟哲学面的意义，譬如什么是男，什么是女？有没有第三性？要怎么做才可以有性爱而没有繁衍？或是要如何不通过性爱来繁衍？性的层面很深，很广，从古到今，性都是生活中非常重要的元素。

性器官、性腺、染色体

男人是什么意思？女人是什么意思？最简单也最普遍的一点，拥有男人性器官的人就是男人，拥有女人性器官的人就是女人。一些怀孕的妇女希望产前就知道胎儿的性别，借着超声波的检查，口风不紧的医生会偷偷告诉孕妇，这是胎儿的性器官，男的，或女的。不过性的内涵当然不只是性器官长什么样子，更基本的差异，是男女有不一样的性腺（睾丸或卵巢），制造不一样的性细胞（精子或卵子）。只是性器官跟性细胞之间有可能出现矛盾的情形，有些人虽然有睾丸，却没有精子；有些人性器看起来像男性，却没有睾丸，反而有卵巢；或是有的人性器官看起来明明是女性，却没有卵巢，还在肚子里面发现睾丸。

除了性器官跟性腺，男女还有一个关键性的差异。就人类而言，构成人体的细胞拥有 46 个染色体，其中 22 对共 44 个不分男女都一样，叫作常染色体；另外两个，女人是 XX，男人则是 XY，叫作性染色体。到这里性的层面就有了三层，性器官的层面、性腺的层面和染色体的层面。

这些差异是在什么时候决定的？受孕那一刹那。女人的每一颗成熟卵子都有一个 X，都没有 Y；男人的精子则有两大类，一类有一个 X，另一类有一个 Y。带 X 的精子和卵子结合，婴儿就是女性；带 Y 的精子和卵子结合，婴儿就是男生。可以说精子决定了人类婴儿的性别（图 9-1）。

除了一个染色体不一样以外，人类男性胚胎和女性胚胎在受精后一开始是长得一样的，性与生殖系统一开始发育的时候，不论男女都有两套管路，以后可以分别发育成男性或女性的生殖器官。从受精之后第七周开始，Y 上面的基因会启动一连串的工程，让性腺往睾丸的方向分化发展，并且关闭母管，留下男性管道继续发育。到青春期之前，睾丸会制

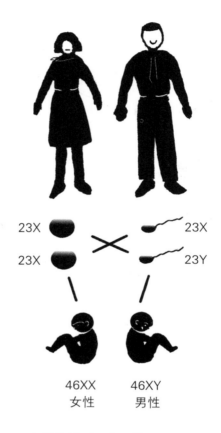

图 9-1 人类的性别，在受精的刹那间就决定了。

造大量睾固酮，睾固酮会引导外生殖器发育长大，以及展现男性第二性征，例如变声或长喉结。如果胎儿没有 Y 染色体，则性腺发育为卵巢，男性管道萎缩，母管发育成女性器官，青春期前卵巢会制造雌激素，刺激少女的乳房、身材、皮肤呈现成熟的女性风貌。这样看来，人类的预设性别是女性（图 9-2）。

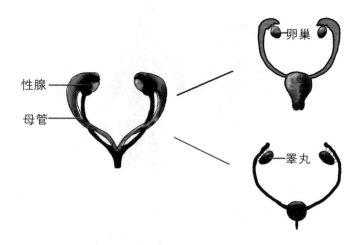

图 9-2　人类胚胎早期配备有两套管路，一套可以发育成女性生殖系统，一套发育成男性生殖系统。女性是预设的性别，但是在 Y 染色体的作用之下，胎儿会合成睪固酮和关闭母管的荷尔蒙，这时就会让胎儿发育为男性。

决定性别的基因

但是生物的历程总有出错的时候，偶尔 XY 胚胎会发育成女人，XX 胚胎会发育成男人。每两万个男人中就有一个没有 Y 染色体，同样地，每两万个女人就有一个有 Y 染色体。所以要决定一个人是男是女，可以根据性器官和性征，也可以根据染色体，或是根据性细胞是精子还是卵子。但是，用不一样的根据所做的判断可能会发生出入。性染色体跟性器官及性征之间可以出现倒错：例如 XY 女人，染色体是男性，器官却是女性；或是 XX 男人，有女人的染色体和男人的性器官。所以，性染色体还不是性别的决定者。决定性别的基因，就在 XY 女人的 Y 缺失了的那一小段之中，或 XX 男人的 X 多出来的那一小段之中。科学家从这些染色体与性别出现矛盾的人身上找到性别决定基因，这个基因是包括人类在内的所有哺乳动物的雄性化工程的总开关，名叫 *SRY*（sex determining region Y，即 Y 的性别决定区域）。到这里，性又多了一个基因的层面。

SRY 算是小型基因，坐落在 Y 染色体短臂上，制造出来的蛋白只有 204 个小零件（氨基酸），蛋白中段是一种叫作高速泳动族的序列，哺乳动物的 *SRY* 都有这一段，而且几乎都不曾变动。它可以跟 DNA 结合，就像固定模型玩具的支架有个大大的夹子一样，作用是固定及折叠一段 DNA，被折得扭曲的 DNA 会启动一些基因的表达，最后的效果就是制造出睾丸来。

有的人虽然有 *SRY* 基因，但是基因指令错了一个字母，就变成性腺发育不良的受害者：睾丸纤维化，没办法制造精子，性器官也没有发育起来，没有男性第二性征，是拥有 Y 染色体的女人。另外有些人没有 Y 染色体，但是他的 X 染色体上却有误入歧途的 *SRY* 基因，所以他是男性，但是因为缺乏 Y 染色体上的其他基因，所以第二性征会跟一般男性不大一样。

利用 Y 染色体来决定性别算起来是很进步的进化成果，爬行类的短吻鳄和几种龟，以及一些鱼类，是由环境来决定性别。它们的卵也许会在比较温暖的条件下孵出雄性，在比较寒冷的环境中则孵出雌性。如果地球继续暖化，过些年这些物种的性别会产生严重失衡，后果难以预期。XY系统则不受环境影响，可以较好地维持两性平衡，缺点是性别分布比较没有弹性。

运动员性别检测

1932年在洛杉矶举行的奥运会上，波兰选手斯特拉（Stanislawa Walasiewicz，又名Stella Walsh）获得女子百米金牌，创造了11.9秒的纪录。四年后，斯特拉在柏林奥运会上寻求卫冕，被美国的海伦击败，斯特拉取得第二，但是海伦随即被指控男扮女装，还被强制要求检视性器官；而且由于比赛时刚好有一阵顺风，这次的纪录就不被认可。1980年，六十九岁的斯特拉在一次持枪抢劫案中无辜被杀，验尸结果赫然显示她具有男人的性器官，染色体检查也为XY，是男性的染色体形态，但是国际奥委会和国际业余田径联合会并没有对这个案子作出评论。

1966年，欧洲杯田径赛首度要求女运动员裸身受检，后来渐渐改成由医生临床体检，之后则改成细胞核槌状体检查和染色体检验。裸身检查当然就是看性器官，但是性器官也不是那么容易辨认，例如有一些相扑选手，体型硕大，可是阴茎却埋藏在一堆脂肪里面，许多壮男也有这个问题。又例如有些女人肾上腺皮质缺少一种酶，没办法制造正常的荷尔蒙，却转而制造太多睪固酮（雄性激素），睪固酮会刺激阴蒂生长，阴蒂长大起来跟阴茎几乎没有两样。至于槌状体是什么东西？原来那是缩成一团的第二个 X 染色体，男人的性染色体是 XY，女人则是 XX，因此利用显微镜观察女人的细胞，会看到细胞核有一小根槌状体。这个检验当然太粗糙，因为有一些染色体异常的情况，例如有些女人只有一个性染色体，X，发育成娇小的女人，她们就没有槌状体；又如有些男人多了一个性染色体，XXY，睪丸小无法生育，但是他们检验起来则有槌状体；可见以槌状体作为判别女性的标准不是个办法。

1990 年，国际业余田径联合会邀集医生在蒙特卡洛进行讨论，看看有没有好一点的性别检测方法。与会的医学专家涵盖各个领域，有研究遗传的、小儿科的、内分泌的，以及精神科的。他们的结论令人耳目一新：有没有更好的办法？有，就是根本不需要检测！他们说，现在选手穿的服装不容易隐藏性别特征，何况为了药检必须搜集尿液，搜集的时候就会有工作人员看着选手采尿，这就够了。

1992 年联合会决定不再做任何性别检测。35 个国际奥运项目委员会当中除了篮球、柔道、滑雪、排球、举重项目以外，统统取消性别检测。但国际奥委会没有跟进，反而推出以新的 DNA 检验来检测性别。新式检测于 1992 年冬季奥运正式登场。

参加 1996 年亚特兰大奥运会的 3387 个女选手当中，有 8

个没有通过检测，意思就是这 8 个选手的 DNA 是男性。其中 7 个有睾固酮抗性，也就是性器官没办法接受睾固酮的指令，没办法正常发育，因此外表就是女人；第 8 个则缺乏让睾固酮活化的酶，以前动过手术，切除性腺（没有发育的睾丸）。这 8 个运动员都取得了性别检测为女性的证明，获准参赛。

一直到 1999 年，国际奥委会才决定 2000 年的悉尼奥运会将取消性别检测。现在的新规定是，变性的人只要完成了变性手术，法律承认了性别，接受过两年的荷尔蒙治疗，就可以按最后的性别参加奥运比赛。

经过这一番折腾，性别的判定还是回到最古老的方式，就是看性器是阴还是阳。男人确实是体力比较强的性别，我们从奥运会各个项目的纪录都是男人领先就知道了。也许有人会担心，对于运动员的性别实行开放的标准纵使很合乎时代潮流，但是既然只看外表，不检测 Y 染色体，会不会以后女子组的纪录其实都是 Y 的贡献？这样一来对拥有两个 X 的女性就不公平了。但是要怎么做才最公平呢？难道要另外再分一组双性组出来？试想这个场面：介绍今天的选手，首先是女子组的谁谁谁（哇！鼓掌），其次是男子组的谁谁谁（哇！鼓掌），再来是双性组的谁谁谁（什么什么？！）。显然这也是行不通的。

生物学给我们的教训是，不要太相信二分法。性别的层面包括基因的、染色体的、槌状体的、性腺的、性器的、心理的等等。穷追到底，恐怕有许多人都是双性人也不一定（图 9-3）。

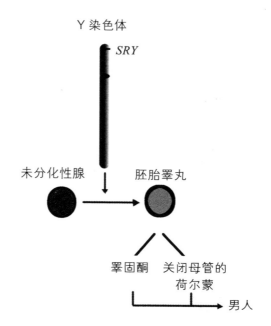

图 9-3　Y 染色体上的 *SRY* 基因开启雄性化的工程，让未分化性腺
　　　　发育成胚胎睾丸，由睾丸分泌睾固酮和关闭母管的荷尔蒙，
　　　　睾固酮还会进一步促进性器官成熟和第二性征的发育。

决定性别的系统

　　决定性别的系统颇复杂，其中研究得最详尽的，有人类
的XY（雄）／XX（雌），线虫的X：A系统（0.5雄，1雌），
以及鸟类、许多种爬行动物和一些鱼的ZZ（雄）／ZW（雌）
系统，还有蜜蜂的单倍（雄）／二倍体（雌）系统（图9-4）。
爬行动物也利用孵化时的温度决定性别，这是一种比较原始

的决定性别的方式，但是不容易维持两性平衡。植物也有性
染色体，植物的性染色体比果蝇和哺乳类的性染色体出现得
晚。大部分雌雄异株的植物是 XX／XY 系统，跟人类相似，
例如木瓜，雌株是 XX，雄株和雌雄同株是 XY。

XX（女）XY（男）

XX（雌）X（雄）

ZZ（雄）ZW（雌）

X：A＝0.5(雄),1(雌)

1n 雄，2n 雌

图 9-4　由基因决定性别的几种系统。从上至下分别是人类、蚱蜢、
　　　　鸡、果蝇、蜜蜂。

性染色体是一种工具包

性染色体是一种先进的决定性别的工具包。有了性染色体之后，不论是哺乳类的 XY 系统，还是鸟类、爬行类的 ZW 系统，都可以维持下一代雌雄各半的完美比例。在性染色体还没有出现之前的远古时代，大约 3 亿多年前，当时的动物可能都是由胚胎所处的温度决定性别，这些对温度很敏感的基因位于常染色体上面。后来基因发生了突变，携带性别决定基因的一对常染色体当中的一个发生突变，从此出现了性染色体。人类 Y 染色体上最重要的性别决定基因（*SRY*），是从一种负责管制 DNA 活动的基因（*SOX3*）突变来的，X 染色体上面还有突变前的原来的基因；鸡的 Z 染色体上面有一个决定性别的基因（*DMRT1*），也是一种 DNA 的开关，W 上面就没有。雄性有两个 Z，恰好足以开启制造雄性所需的一连串相关基因，让这些基因像自动化的机械设备一般，一步一步密切配合，串接成目标指向雄性动物的生产线。

嫘祖发现并且推广的蚕，也是 ZZ（雄）／ ZW（雌）系统，但是它的性别决定基因是在 W 上面：有 W 的蚕就是雌蚕，没有 W 的就是雄蚕。这显示蚕在胚胎形成之初的预设性别是雄性，跟同样采用 ZW 系统的鸟类或爬行类不同。新西兰有一种青蛙，雄蛙有 11 对（22 个）染色体，雌蛙有 11 对加 1 个（22+W），表示它们的 W 染色体是一种工具包，这个工具包里头有制造雌蛙所需的基因。

　　科学家比较熟悉的果蝇采用的是 X ： A 系统，这个系统的阶层控管，可以让我们对于建构性别的过程有深入一点的认识。从一百年前被遗传学先锋摩尔根当作研究对象以来，果蝇已经是实验室里最重要的用于研究的模式生物，人类有许多知识是从果蝇身上学到的。由于坊间已经有一些有趣的书籍，专章或专书介绍果蝇，所以本书也就极少提到果蝇，在此特借果蝇认识一种性的制程。

决定果蝇性别的过程

　　自然界的果蝇（这里专指 *D. melanogaster*）有两套常染色体（2n），它的一套染色体就像大大小小四只袜子，两套就是四双袜子了。其中第一双袜子是性染色体，XX 或 XY，其他三双是常染色体；两套记作 AA。决定性别的过程一开始要看 X 性染色体数目与常染色体（A）套数的比值，如果 X ： A ＝ 1 ： 2，或比值＝ 0.5（X AA），X 上启动雌性化的基因太弱，只有在 X ： A ＝ 1 ： 1，也就是比值＝ 1（XX AA）的时候，才足够启动雌性化，可以推想常染色体上应该有对抗雌性化的基因。

　　为什么不干脆说一个 X 是雄性，两个 X 是雌性？或者像人一样，有 Y 是雄性，没有 Y 是雌性？这是因为实验室可以操作果蝇的染色体，变成 3n，这时就看得出来性别不是由 X

的数目或 Y 决定的，而是 X 跟常染色体套数的比值决定的。所以 XY AA 是雄果蝇；X AA 是不能生育的雄果蝇（人的话，X AA 是女人）；XXX AAA 是雌果蝇；XYY AAA 是雄果蝇；XXY AAA 则同时具备两性的特征。

如果一个果蝇受精卵的染色体指向往雌性发展，则受精后两三个小时雌性的性别总开关会启动，这个总开关叫作性死基因。性死基因跟一连串下游基因就像杂志社的各位编辑，这些基因都是编写高手，上一层编辑的工作内容当中有一项是拿着剪刀糨糊剪贴下一层编辑的作品草稿（RNA），这一连串编辑的次序是 X：A →性死基因→转化基因（tra）→两性基因。这里→表示修改。编辑方针指向雄性的（X：A = 0.5），则最后的两性基因产物是男士版，它会封锁女性内容，出版的是男性杂志，反之亦然。性别决定了以后，生产精子和制造雄性器官的基因，或生产卵子和雌性器官的基因就全面开动了，体色、腹部外观、刚毛分布等第二性征也就此决定。除此之外，转化基因也会剪贴无果基因，这是指引雄蝇求偶、让雄蝇表现男性气概的基因。无果基因突变的果蝇会出现性倒错的行为，这是后话。

从这个过程可以看出来，决定果蝇性别的过程比人类复杂。人类只要 Y 染色体上的性别决定基因（SRY）一启动，就可以活化下游参与睪丸分化和建构男性生殖器的基因，这些基因分散在各个染色体上面，例如 Y、9、11、17 号染色体等。人类 9 号染色体上面有一个基因（DMRT1），只要其中一条染色体上的这个基因有一点缺失，就会发生性倒错，胎儿性腺无法分化成睾丸，性染色体明明是 XY，器官发育却像女人，可见这个基因跟鸟类 ZZ／ZW 系统中，由 ZZ 决定雄性的 Z 染色体扮演的是一样的角色。

从 X 到 Y

在显微镜下看人类的 Y 染色体，它是所有染色体中个子最小的一个，大约只有别的染色体的三分之一大小。但是 Y 很重要，因为 Y 上面有男人的性器官、睾丸以及精子的制程开启程序，是造就男人的性染色体。

Y 的历史

纵使 Y 这么重要，它可不是开天辟地就有的程序集。事实上，X 和 Y 在很久以前是同一对染色体，就像第 1 号染色体或第 2 号染色体或其他染色体，每一对都是由两个几乎完全相同的染色体构成，就像一双袜子一样；此外，大部分的动物有雌雄两性，但其中没有性染色体的居多，可知性染色体是后来进化的成果。X 和 Y 原本是同一对染色体，在哺乳类和爬行类分家以后，差不多 3 亿年前，才从常染色体改版问世，而且从那时起直到现在还在修订之中。

Y 染色体诞生的机缘，是某一次重大的突变，让共祖的染色体当中的一条有了不一样的基因，具有了性别决定功能的基因，或许就是男性的性别决定基因（*SRY*），从此原本几乎相同的一对染色体当中出现了一个不同的段落。现在这两条染色体有了固定的差异，可以称为 X 和 Y 了，加上后来发生了至少四次灾难性的突变，Y 的一大段 DNA 头尾逆转，从此在减数分裂的时候，X 和 Y 因为差别太大，就没办法交换 DNA 了；幸好它们的两端还维持共同的序列，这一点很重要，因为减数分裂的时候成对的染色体必须面对面列队在中线，等一下才能分别分配给不同的精子；X 和 Y 有共同的部分，彼此知道它们是成对的，才不会挤到同一颗精子里头。

共同部分之外，其余的部分就是男性特区，占 Y 的 95%；经过漫长的时间，大部分跟性别无关的基因纷纷脱离了 Y，有些只有男人才用得到的基因则从常染色体搬到 Y 上面来，迁移到 Y 的基因可能是因为对女性有害，或是对男性有利，因而在搬家后得到了更好的生存机会。经过这些基因转位的过程，演变出了现今只留下几十个基因的 Y，和仍有几千个基因的 X。

Y 的地图

Y 自从诞生以来，就注定碰不到另一个 Y 了。孤独的 Y 没有重组的机会，一旦发生基因突变，不就注定要将这些突变累积在自己身上，直到灭绝了吗？不过实情一定不是这样，不然所有利用 Y 染色体决定性别的物种，早就绝迹了。这个疑问直到最近这几年才逐渐有了解答。由美国麻省理工学院的佩奇（David Page）带头的四十人团队，经过多年的努力，终于在 2003 年 6 月发表了 Y 染色体男性特区的 DNA 序列，世人才看到 Y 的真实面目。

男性特区由大约 5000 万对核苷酸组成，其中有基因活动的真染色质部分有 2300 万对核苷酸，含 78 个基因。特区居民分为三大类：

一类是土著居民，住在 X 退化区。这当然是个错误的命名，因为这里的基因仍然维持着完好而且活跃的功能，叫作 X 复兴区、土著区、古典区、非洲区等等都行。不过大科学家既然这样称呼了，为了能够沟通，只好跟着使用。其中 16 个基因在身体各处的细胞，尤其在脑和睾丸中有表达，作用是维持细胞功能，*SRY* 也在这里，X 上面有这类基因的原型。

另一类是新住民，住在 X 转位区，它们是在 X、Y 分家后，三四百万年前才从 X 跳过来的一大段，只有两个基因。

最特别的居民住在扩增区，这里包含了制造精子的程序，显赫的程度不难想象，是 Y 特别设计的安全防护区（图9-5）。佩奇形容这个区域就像"镜厅"或"水晶宫"，长长的构造里包含许多重复的序列、重复的基因，每个基因有偶数个复本，还有 8 段复杂但精确的回文序列。重复就是一个基因有其他备份，回文则是指是顺着看或倒着看都一样，譬如一二三四五五五四三二一，是一种反向的备份。常染色体

Y 染色体地图

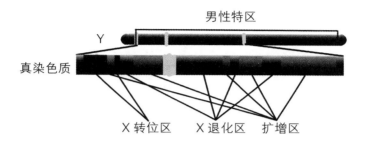

图 9-5　Y 染色体的 DNA 分布在真染色质上，基因的新住民和土著
　　　　居民分别集结成区，跟制造精子有关的基因则分布在有许
　　　　多备份或回文的扩增区。

也有回文，但是没有 Y 染色体的回文那么庞大、那么复杂。Y
的回文序列就像蓝天跟大海，海天一色，相互辉映，基因则
是飞翔其间的海鸥，会看到自己的影像映射在海里。如果回
文像两只手往外水平举起来，则指尖到指尖有长达 300 万对
核苷酸，等于 300 万个字母，是基因体的 1000 分之一。佩奇
在其中 6 个回文序列中找到 8 个基因，主要作用在睾丸表达，
记载的是精子的制程，它们直接承担人类的存亡，重要性不
言可喻。因此这些基因一旦突变不堪使用，就可以利用染色
体内的重组，而不是染色体间的重组，加以修补；就像半边
脸受伤的人，如果需要整形手术，要利用另外半边当作对照
一样。孤独的 Y 就靠这个结构避免了不能重组必然会产生的
问题。既然没有机会碰到另一个 Y，既然不能在减数分裂时重

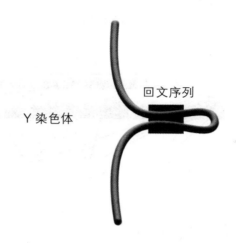

图 9-6　　孤独的 Y 染色体没有机会遇见另一个 Y，但是却可以利用本身的回文序列，在染色体内进行重组。

组，Y 就自己来，自备比较的版本。只要把回文序列从中对折起来，就可以进行侦错的动作了（图 9-6）。

重复的基因就像退休的老办事员一样，是基因突变时的重要参考复本。Y 染色体上的许多基因拥有复本，有的基因甚至有高达三十几份复本，这个特性让基因的错误可以借基因转换来更正。基因转换和重组都是盲目的行动，结果坏掉的基因可能得到改正，正确的基因也可能被改成坏掉的版本。不过由于精子总产量很大，只要其中好的精子够用就可以传宗接代，Y 也就保留下来了。

Y 决定了男人的结构，也关系到男人的生育力。大约 3% 的男人由于缺损了一小段的 Y，结果没办法制造足够的精子，是男人失去生育力的主要原因。科学家发现，这些男人是因为新的突变才产生精子制造上的困难，并不是遗传来的，要不然他就无法出生了。Y 特别容易发生这种突变，可能是因为 Y 染色体上的回文段落让它可以自行侦错，但是如果以错误的段落为标准去修改正确的段落，就容易出现无法制造足够精子的 Y。医生现在有办法分离出数量稀少的精子，然后把精子注入到卵子里面，于是不孕的夫妇就有了自己的后代。但是用这个方法制造出来的男人还是没有办法制造足够的精子，于是他又要依赖医生才能有自己的亲骨肉。用进化的眼光来估计，这个品系的人类和医生构成了互利共生的网络，而且对方越壮大越有利于己方的生存。长久以后，这个共生的结构不知道会如何进化？

　　从 X 到 Y 的漫长进化过程当中，男性跟女性逐渐产生了核心的差异。现在的男人和女人，DNA 的差别（也就是 Y）高达人类基因体的 1% 以上，将近 2%。这个数字大约是一个男人和雄性黑猩猩，或是一个女人和雌性黑猩猩的 DNA 之间的差别。就算不要拿基因的差异来推论男女之间应该追求齐头式的平等还是立足点的平等这种大问题，但是至少男女两性的寿命、罹患的疾病，还有死亡的原因都有很大的不同，这些不同有很大的原因是根源自 X 和 Y。单单这一点，就值得我们继续探究 X 和 Y 了。

历史上的 Y

人类的 Y 染色体是男人的专利。男人传承 Y 给儿子，传承 X 给女儿。因此在父系族谱深不可见的地方，暗藏着世世代代几乎不变的 Y。Y 让人类可以追溯遥远的父系祖先，在宗族研究上的重要性，就像线粒体 DNA 可以用来追溯母系祖先一样。

从 2003 年开始，几组科学家陆续发现了一个特定版本的 Y 染色体具有特别的历史。科学家采样的对象是从里海到太平洋之间的男人，收集了总共 2000 多个人的 DNA，分析他们的 Y 染色体。科学家测量了 Y 上面至少 32 个位点的长度，由于全部人口中每一个位点有几种或十几种长度，因此可以编成几种或十几种数码，每个 Y 的每个位点就有一个数码。虽然每一个男人的 Y 都是直接从父亲遗传下来，而且没有经过重组，一般人可能会认为父子的 Y 是一模一样的，但是 Y 上面有些位点会发生突变：有的位点的突变非常少，可能几百个子代才发生一个突变，这种位点可以用来当作大族群的标记；有的位点突变迅速，两代之间就有一成以上的突变，这种位点就拿来当作小族群的标记。如果把十几个甚至几十个位点的数码串起来，就会像我们的身份证号码一样，理论上全世界每一个男人都可以找到独一无二的位点数码串。

科学家发现，由 Y 上的 15 个特定位点（它们的名字很无趣，

叫作 DYS389I–DYS389b–DYS390–DYS391–DYS392–DYS393–
DYS388–DYS425–DYS426–DYS434–DYS435–DYS436–
DYS437–DYS438–DYS439）组成的一组数码串（10–16–25–
10–11–13–14–12–11–11–11–12–8–10–10，这些数字代表位点
的长度），是一种特殊的 Y，特殊之处在于许多地方都有这种 Y，
或是由这种 Y 直接突变的近系。

科学家分析了 2000 多个分布在从里海到太平洋之间的男
人，发现其中有 16 个族群的男人有这种特殊的 Y，它的踪迹
东起中国东北，西抵乌兹别克斯坦，这块区域恰好是成吉思
汗征服的蒙古帝国的疆界（图 9–7）。拥有这种 Y 的男人占
这块区域所有男人的 8%；如果以全世界的男人作为母数，则

图 9–7　科学家从分布于太平洋到里海之间的男性身上，取了
2000 多个样本，其中 8% 拥有一种特殊的 Y 染色体。图
中黑点代表发现了特殊版本的 Y 的地方，其中只有阿富
汗不在蒙古帝国疆域内。

拥有这种 Y 的男人占 0.5%，即全世界每 200 个男人就有 1 个是这种 Y 的产品。

从共同拥有这个特别的 Y 的人口，分析他们之间基因型的歧异，推算他们最近的男性共同祖先，也就是这些人共同的 Y 的来源，是三十几代之前的一个蒙古男人。大约在一千年前，跟所有的男人一样，这个祖先把他的 Y 传给儿子们。一千年前世界人口大约 3 亿多，现在的人口是一千年前的 20 倍，所以一千年前一个男人的 Y 理论上应该出现在今天的 20 个男人身上，但是科学家发现的特殊版本却出现在 1000 多万个男人身上。

是分布在不同地方的许多族群恰好发生了一样的突变吗？但是突变几乎是盲目的事件，两个人在同一个位点产生共同的突变的机会就已经很小很小了，几百或几千分之一，依位点而定，何况同时在许多位点发生同样的突变？科学家计算过，这样的机会最高不会超过 100 亿分之一，近乎不可能。

其他各型的 Y 都符合独特性的规律，也就是几乎都是独一无二，如果有重复出现的情形，也只会出现在受地理局限的、数量有限的、同一家族的血亲。唯独这个 Y，却出现在地理上广阔的、跨国界的、看似不同的族群身上。这表示，这些族群有一个共同的男性祖先。

是什么样的事件，让这个 Y 凌驾其他的 Y？是不是这个男人强夺了许多女人，而且屠杀了许多男人？而且，必然有好几代同一家族的男人实施过一样的行为，才会有这样强大的扩增。

这个男性共祖和他儿子们的 Y，跟其他男人的 Y 在世界上展开竞争，寻找繁衍的机会。Y 繁衍的关键在于交配跟物质条件：一个男人如果没有女人，他的 Y 就终结了；反之，一个男人如果有比较多的女人，他身上的 Y 就有可能一代一代越来越兴旺。此外，在饥荒或瘟疫发生的时候，能逃过饥馑和疾病摧残的男人，他的 Y 才有胜出的机会。所以可以推测，这一种特别的、分布广泛的 Y，来源必定是大约一千年前一个最有权势的男人，而且他的足迹遍及中亚及东亚。那个人会是谁？

出生于 1167 年蒙古高原中部一个权势家族的铁木真，九岁时父亲在和敌对部落的战斗中惨遭杀害，侥幸活下来的母子差点就没办法度过男人死后的第一个寒冬。天赋异秉的铁木真十几岁时开始了锻造联合各部族的策略，分别尊不同部族的领袖为父、安答（兄弟），还娶了其他部族的女子为妻。经过逐步整并，铁木真终于统一蒙古草原各部族，并且在 1206 年得到前所未有的成吉思汗的封号，成为蒙古人共同的领袖，建立了蒙古帝国。

此后蒙古势力开始往外扩张，征服了西夏，西夏国王赶紧把自己的女儿送给成吉思汗示好；又征服了金国，金国的国库几乎被搬了个精光；南方的宋朝和东方的高丽半岛也都被打得抬不起头来；军队一路往西，进入中亚，成吉思汗的马蹄踩平了傲慢的中亚强权花剌子模，也就是现在的乌兹别克斯坦和土库曼斯坦一代，当时花剌子模还统治印度北方、巴基斯坦和中东；成吉思汗的大老婆生了四个儿子，四个儿子不但各自管理一方，而且继续扩展版图。他的继位者三子窝阔台同样骁勇善战，不仅灭掉了当时雄踞中原的金国，还打败俄罗斯，攻陷波兰、匈牙利，甚至推兵到维也纳城下；他的孙子忽必烈灭亡了南宋，建立了元朝；他的子孙深谙统治之道，他们知道征收税赋比大肆杀戮更有意义，从而让蒙古帝国的势力盛极一时。

成吉思汗和他的军队像一阵狂风暴雨，所向披靡，这让他有许多与异族通婚的机会。波斯著名的史家拉施特记载，成吉思汗的后宫有佳丽五百人，《元史》记录他正式册封了二十三名皇后和十六名皇妃。他偶尔会把自己的后妃赏赐给有战功的手下，他的后妃有时会介绍自己的姐妹加入后宫的行列，由此可以想见纵使成吉思汗十分敬重皇后，但他的后宫却也活水不断。这些女人跟他生下的子女至少有数十人，甚至有人估计达数百人，他的DNA就经由他们留传下来。

从科学家寻找到的特殊版本的Y的分布看来，中国的东北有许多部族有特殊版本的Y，然后一路往西，在黄河以北的蒙古高原、甘肃，沿着天山山脉的新疆、哈萨克斯坦，直到帕米尔高原的吉尔吉斯斯坦、乌兹别克斯坦都有大量人口有特殊版本的Y。2005年科学家利用线粒体和Y染色体，证实世居伏尔加河西岸的卡尔梅克人是蒙古人的子孙，他们在三百年前大量移居到那里。有趣的是，其中三分之一男子的Y

也是特殊版本，是成吉思汗的直系子孙。

现在已经有一些公司利用 DNA 帮客户建立家谱。一个美国的会计教授叫作汤姆（Tom Robinson），找上一家专业的公司帮他寻根。从线粒体数据可以追索他的母系的祖先来自现在的法国南部、西班牙北部一带，从 Y 染色体则发现父系祖先可能来自中欧以东。成吉思汗的 Y 成为世界性的话题以后，这家公司写了一封信给汤姆，说他也是成吉思汗的后代，并且征得他同意，拿他的案例当作宣传资料，一时间汤姆成了名人。但是汤姆觉得单凭手上的数据就判断他是成吉思汗的后代仍嫌有所不足，于是主动寻求另一家公司做进一步的分析，两家公司总共取得 13 个位点的资料，汤姆自己算一算，其中有 9 点和成吉思汗的版本一致，这就表示有 4 点不一致。最关键的是，可以用来判别蒙古语系和印欧语系起源的一个极为稳定的位点（DYS426），在汤姆身上却呈现印欧语系的长度，这样一来，要说他是成吉思汗的后裔，就说不通了。

元朝灭亡之后，许多蒙古贵族遭到明朝军民追杀，其中有些逃到中国沿海，甚至出洋。如果要问当时的蒙古人有没有流离到台湾岛，拿台湾先住民的 Y 和成吉思汗的 Y 做比较，也许可以间接得到解答。

豆知识

沉淀在化石里的幽情

　　来到纽约大都会博物馆，我站在一幅 1880 年的画作前面，是法国的皮埃尔-奥古斯特·库特（Pierre-Auguste Cot）所绘的《暴风雨》。这幅画高 230 多厘米，宽将近 160 厘米，画中有一对青年男女，他们应该是正在醉人的约会当中，突然遭遇一阵暴风雨，两个人各自用一只手搂着对方，一只手撑起斗篷、裸着足、踩着泥地奔跑走避。画中仅裹着一层薄纱、有着青春胴体的女孩，在风中，在雨中，就要从我面前飞奔过去。站在这幅画的前面，感受到他们的爱情洋溢，因而浑身滚烫，心脏在胸口翻腾。

　　1976 年，一个由英国和美国人组成的考古队在非洲工作，年轻爱玩的队员闲暇时拿大象的大便丢着玩，其中一个人四处闪躲的时候踩到地面的凹陷摔了一跤，却意外发现了一组脚印：右侧是由一双大脚留下的足迹，三十几个脚印，有明显的足弓，也就是脚底内侧比较高；大拇指跟其余脚指头很靠近；脚跟和拇指后方在地面留下比较深的凹陷，表示着力点不是在比较外侧的中指后方，因此膝关节是直立的，不是朝外弯曲的；最特别的是两脚平行前进，而不是外八，可以推想应该是抬头挺胸、优雅行走时留下的足迹。左边另一双小脚印紧挨着大脚印。综合这些特征，任谁都会一眼看出这是人类的脚印，而不是猩猩的大拇指掰开、扁平足的脚印。脚印比我们现代人小一点，因此脚印的主人当然不是像

《暴风雨》画中的情侣一般高大，但他们或许也是兴冲冲跑到这块火山灰沉积成的软泥地的情侣吧？或者是一对慈爱的亲子手牵着手，一边谈笑一边走过？

发现脚印的地方在东非大裂谷东线、坦桑尼亚北部的利特里（Laetoli），这里与1974年发现露西的哈达相距1600千米。露西是最重要的人类祖先化石，因为从现存生物当中，找不到从猿类进化成人类的中间物种，露西正好可以补上这一个失落的环节：她正是介于四肢行走的猿和挺直腰杆的人类之间的，直立行走但是脑容量只接近人类一半的南方古猿，也是后来发现的能人、直立人以及我们现代人的祖先。利特里的火山灰沉积地上的足迹，应该就是300多万年前露西的族人在一次火山爆发后留下来的，在火山灰遇到雨水变成软泥的时候，两个人和一些飞禽走兽恰巧走过，留下令人遐想的脚印。等到像水泥一般的软泥硬化了以后，间歇喷发的火山灰覆盖在上面，就像塑封一样；而夹在中间的足迹过了300多万年，被一个绊倒在地的子孙发现了。因此，利特里足迹是一段史前情缘的化石。

第十章

一场关于变性的无妄之灾

性别：不详

　　1965 年，住在加拿大一个小乡村的珍妮产下了一对长得几乎一模一样的双胞胎兄弟。珍妮说，她从小就梦想长大以后可以生一对双胞胎宝宝，没想到竟然美梦成真！

　　但是好景不常，厄运总是在不该光临的时候到来。没几个月，双胞胎兄弟小便有点不通畅，医生建议他们割包皮。八个多月大的时候，兄弟俩住院接受包皮手术，医生说次日就可以出院。第二天一早，珍妮被医院打来的电话惊醒。

　　护士告诉珍妮，手术过程出了一点意外，但小孩平安。珍妮匆匆赶往医院，她心想：会有什么意外？不过是个小手术，而且小孩平安就好。见到医生，医生告诉她："手术的时候，哥哥 B 的阴茎被烧掉了。"

　　"什么烧掉了？不是用手术刀切除包皮吗？"珍妮听不懂，心想医生是不是搞错人了。

　　"不是，是用电刀。不知怎么就烧掉了。"

　　"……"珍妮心里一沉，"那现在怎么办？"

　　医生说，阴茎毁了是没办法补救了，建议珍妮找心理师谈谈。

要不要变性

没过多久，珍妮看到电视上有一个美国心理师 M 侃侃而谈，正在介绍变性手术。珍妮觉得这个人看起来非常权威，对自己的说法也充满了自信。他说男孩经过变性手术可以被抚养长大变成女孩，他说，决定男孩或女孩的因素，是教养，不是天性。几个月来已经陷入绝望深渊的珍妮一家人，觉得 M 的说法可能是一线希望，夫妻俩决定不要放过。

珍妮带着 B 到约翰·霍普金斯医学院找 M。M 团队提出建议，他们说，手术可以改变 B 的身体构造，细心的教养可以改变 B 的性别认同，让 B 以女孩的身份长大。不过这种处理是很前卫的、实验性的做法。

悲剧开始展开不一样的剧情了。如果一对双胞胎兄弟可以一个当男孩抚养，一个当女孩扶养，那么到底天生的性别有什么意义？没有人知道这个实验会如何发展。

人类的胚胎一开始是没有性别之分的，过了六周以后，Y 染色体上的基因开始让胚胎发育出睪丸；然后睪丸会制造雄性荷尔蒙，其中最主要的就是睪固酮；接着睪固酮会让阴茎发育，没有 Y 染色体或睪固酮的作用，婴儿就会发育成女孩的样子（图 10-1）。有时候荷尔蒙的平衡出了什么差错，外阴会发育得男女莫辨。例如有的女婴因为代谢异常制造了太多睪固酮，下体看起来就有阴茎。有的男婴因为遗传因素生

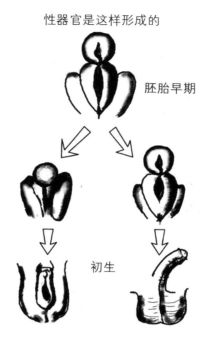

性器官是这样形成的

胚胎早期

初生

图 10-1　胎儿睾丸分泌睾固酮，睾固酮引导性器往男性方向发育。

殖腺发育不良，或缺乏让睾固酮活化的酶等等，没办法男性化，一出生下体看起来就有阴唇，阴茎细小，跟女孩没有两样。这种案例数量不少，比小儿唐氏综合征多出许多。于是许多小婴儿一出生就被当作另一种"性别"抚养长大，跟染色体定义的相违的性别，甚至终其一生。有时候一个小孩，有完整的卵巢和子宫，可是由于出生的时候阴蒂很大，近似男婴的阴茎，就被当作男孩抚养长大；有的男婴也会因为出生时阴茎还没充分发育，被当成女孩养育（图 10-2）。

不容易辨认的性器官

图 10-2　有时候性器官不是很容易辨认，最左图是正常女性，最右图是正常男性，中间的状态就很难讲。

M 是著名的性心理专家，他发现许多性别被误认的人后来都没有认同的问题，纵使他们拥有男人或女人的染色体，却因为外表的关系被当作异性养育，结果就顺利以异性身份过日子——不管自己还是别人，终生没有人知道真相。当时的心理学家认为，人生的前两年是性别认同的关键时期，决定性别的主要因素是这个时期的教养，而不是 X 或 Y 染色体。换句话说，决定性别的，不是在胚胎第七周开始的性器官构筑工程，而是出生以后的事。

这就是霍普金斯的专家给珍妮和 B 提出的建议的背景。

医生也很赞成这个做法，有了"性别意识由后天教养决定"的理论基础，医生要动手术让外表隐晦莫辨的婴儿变性也就更有自信了。现在有了心理学的解决方案，外科的解决方案就是配合心理学家。外科变性手术是把外表难辨的孩子改造成女孩，切除睾丸和大部分的阴茎，塑造阴蒂，再辟出一个人造阴道。

但是珍妮不知道当时的变性手术只针对男女莫辨的婴儿，像她的儿子 B 这种例子，出生没问题、后来才出问题的，霍普金斯医学院的专家们还是第一次碰到。

1967 年，B 差一个月就要满两岁了。外科医生拿掉 B 的睾丸，初步造出一部分阴道。从现在开始，"她"是女孩子了，包括名字、穿着、举止的要求等等，然后到了青春期，医生会开女性荷尔蒙给她。心理师的支持是一定要的，计划中的 B 不但要长得像女人，想法也要像女人。

性别是教养的产物吗？

这个计划不是没有人质疑。夏威夷的戴蒙德（Milton Diamond），一个生物学家，就认为这样解决太简单化了；人类很复杂，不只是教养的产物。戴蒙德说："动物出生就有表现得像雄性或表现得像雌性的本能，那可不是教养来的；人类没有理由不一样，遗传因子应该就包含性向的本能了。"他指出我们的思考方式、行为当然会受到社会环境或学习的影响，但是我们的基本框架，或是本质，必然跟生物基础吻合才合理。

戴蒙德利用一个实验来说明出生之前的因素对性向的影响。科学家给刚怀孕的母鼠注射强力睾固酮，睾固酮会顺着血流，通过胎盘、脐带，进入鼠胚胎体内。现在小鼠生出来了，小雌鼠因为受到雄性荷尔蒙的刺激，外阴长得跟小雄鼠没有差别。这些遗传组成是雌鼠，但是长得像雄鼠的荷尔蒙改造鼠，行为会像雄鼠还是雌鼠？答案是雄鼠。荷尔蒙改变了外表，也改变了脑子，这些改造鼠有雄鼠的外表和雄鼠的"性趣"，它们会试着跟雌鼠交配。

那么B呢？B出生时是完整的小男孩，有正常的男性器官，如果老鼠实验的结果也适用于人类的话，B的脑子应该也是男性的脑子。现在要让B变成女孩，可能成功吗？

日子过得很快，珍妮一直在M的辅导下教养B。现在B满六岁了，M备妥了要对医界宣告的资料，证实他让一个出生时完美的男孩成功转变成完美的女孩。这个案例出现在教科书中，出现在讨论会上。《时代杂志》也特别报道了这个新闻，当时（1973年1月8日）的报道是这样的："这一个戏剧性的案例强烈支持传统男性或女性的行为可以改变的说法，同时对于历来深信两性的心理和构造都是由基因所决定的观念，投下一个大大的问号。"

M发表在权威期刊《性行为档案》的论文写道："这个小孩的行为显然属于一个活泼的小女孩，跟双胞胎弟弟多么不同。"

M的学说似乎对了，教养好像可以凌越天性，以前的小男孩现在可以用小女孩的方式去感觉、去思考。基因、荷尔蒙甚至性器官的种类所造成的性别，可能都可以被教养改变。

但是弟弟记忆中的情形却跟M说的不一样："除了他的头发比较长，我的头发比较短，我实在想不出他跟我有什么不一样。"

加利福尼亚大学洛杉矶分校的戈尔斯基（Roger Gorski）想要知道睾固酮到底让脑子产生了什么变化，开始解剖雄鼠和雌鼠的脑，过了几年仍找不到两性的脑有什么差异。后来，戈尔斯基的一个学生宣称他找到不一样的地方了，实验室的人都不太相信。于是戈尔斯基安排了一个讨论会，弄来两部投影机，一左一右，同时播放雄鼠和雌鼠同一层的脑切片。戈尔斯基说，一开始没有人相信真的看得出两个脑的差异，但是看到以后就坚信不移了。

果真有一个区域雄鼠和雌鼠大小不同，位于脑深部一个叫作下丘脑的地方，雄鼠的这个区域比较大，雌鼠则很小，这里现在称为性别二相核，从刚出生的鼠脑就看得出明显的差异（图 10-3）。戈尔斯基想进一步了解睾固酮对这个区域

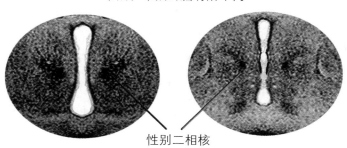

雄鼠和雌鼠的脑有所不同

性别二相核

图 10-3 鼠脑切片。图左是雄鼠，图右是雌鼠，戈尔斯基团队发现它们的性别二相核大小不同。

有什么影响，于是给怀孕的母鼠注射睾固酮，等小鼠生出来，就解剖小雌鼠看看脑子有没有改变，结果胚胎期受到睾固酮刺激的雌鼠，脑子的性别二相核很明显，跟雄鼠一样。也就是说，睾固酮不但改变了雌鼠的外阴、"性趣"，也确实改变了雌鼠的脑子。戈尔斯基团队的发现让 M 的学说受到了挑战，如果男女的脑子不仅想法不一样，构造也有所不同，那么后天教养如何克服不同的构造产生的效果？

　　除此之外，B 在学校的表现也开始产生问题。珍妮说："不管我怎么为 B 做一切能做的，怎么苦口婆心开导，B 就是不快乐。B 很叛逆，肌肉发达，不管怎么要求，举止就是没办法像个女孩。B 在成长的过程中几乎没有朋友，同学揶揄她，称她是野蛮女、怪胎、它。她是一个非常非常寂寞的女孩。"

　　现在 B 进入青春期了。医生开雌激素给她，她则拼命吃东西，吃得胖胖的，为的是掩饰发育起来的乳房。她开始穿着男生的服装，讨厌自己女生的外表。后来甚至无法上学。

　　十四岁的时候，英国广播公司一个叫作《公开秘密》的节目，透露了 B 适应不良的消息。当时 B 家乡的精神科医生和戴蒙德都说话了，M 则顾虑涉及客户隐私没有受访。尽管霍普金斯医学院还信心满满地出版了许多报告，但是当地的精神科医生那时候已经觉得 B 要成为女人会有大问题了。

　　M 从来不曾做过 B 对后天强加的性别不能适应的报道，大部分的医生和科学家也一直以为 B 是一个成功的案例。换句话说，关于这对双胞胎的发展情况几乎没有正式的科学文献，大家听到的都是二手报道，甚至三四手的报道。但是真相呢？

解剖大脑看到脑的性别意识中心

科学界都很关注这个问题，戈尔斯基关于男女脑子不相同的理论也持续萦绕着科学家的心思。荷兰的研究人员决定挑战人脑，但单是收集人脑这项工作就不容易了，因为要收集够多的人脑才足以得到有效的数据，而且脑子不能有疾病，不然不能观察。他们花了五年收集人脑。寻找差异的工作更繁琐，得把脑子切成非常薄的薄片，一片一片比对。比对了超过100个人脑之后，男人跟女人脑子的差异已经明确得无可怀疑了：斯瓦伯（Dick Swabb）发现下丘脑有一块区域，男人跟女人大小不同，他想，会不会让我们觉得自己是男人或自己是女人的性别观念，就是这一个区域发出的信息？

1990年以后，斯瓦伯开始研究变性人的脑子。通常男变女的变性人出生的时候拥有正常的男人外表，也被当作男孩教养，但他们就是无法认同自己是一个男人，他们"知道"自己是女人，是女人的灵魂阴差阳错寄居在男人的躯体里面。经过几年的研究，斯瓦伯在大脑下丘脑发现一块男女不同的构造，但是男变女的变性人这块构造却跟女人一样。"这一块应该就是主管性别认同的部位，"斯瓦伯说，"如果我们看了全部的资料，就会很清楚地了解人出生的时候不是中性的，性别认同的种子早在胚胎时期就种下了。"

综合这些科学家的发现，我们可以了解，遗传物质决

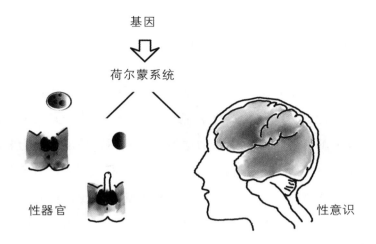

图 10-4 遗传物质通过荷尔蒙系统决定了性别——包括男女的器官
和男女的意识。

定了性的三个层面：一个是性腺——卵巢或睾丸，其次是外
阴——阴道或是阴茎，还有一个是通过脑产生的性的认知——
我是男人或是女人（图 10-4）。

不管戴蒙德或斯瓦伯的发现多么明确，毕竟他们看到的
是大脑的构造，构造不同不一定代表功能不同，所以很多科
学家还是无法信服"人们对自己性别的观念在出生以前就已
经确定"的说法。说不定大脑里面这些因性别而大小不同的
部位，作用是控管精子或卵子的生产线，谁敢说一定跟性别
观念有关系？

性别改造的悲剧

生物学家戴蒙德一直很关心 B 这个案例。由于 B 的成长历程没有以正式的科学文献形式发表，戴蒙德只能跟主事的 M 索取 B 的资料，M 完全没有透露 B 的现况。戴蒙德在科学界同仁阅读的期刊上登广告，看看有没有人可以向他提供关于 B 的信息，却一直没有回音。转眼过了二十年，戴蒙德终于得到 B 的消息。B 一直隐姓埋名住在加拿大的乡村，现在，"他"要说话了。

"我不喜欢女孩的衣着，我不喜欢举止像个女人，我不喜欢假装自己是个女人。"

B 说，从小每次过生日或是过圣诞节，就会收到一堆洋娃娃之类的礼物，那些东西就堆在墙角任它们积满灰尘。因为没有自己喜欢的玩具，B 喜欢玩他弟弟的玩具，汽车模型、枪之类。整整十四年，B 就这样过日子，过得非常不快乐。

后来，成了青少年的 B 再也受不了了，于是完全隐居起来，跟社会隔绝。一直选择相信专家的珍妮，则再也无法掩饰自己的疑虑。

十四岁那一年，B 的父母终于告诉适应不良的"她"：你出生的时候是个男孩。

一夕之间，B 对自己的性向与行为得到了完全的解释，他不是别人眼中思考、举止像男人的女人，他不是男人婆，他本来就是如假包换的男人。"我不是什么怪胎，我没有疯。"B很快就彻底抛掉强加在他身上的性别，恢复男孩的身份。

B说："性别的事不必有人告诉你，不必有人告诉你说你是男人、你是女人，那是本来就在你心里头的。就算有人一直说你是男人、你是女人，也没有用。"

他又动了手术，许多手术，包括切除两个乳房，那是使用雌性激素长出来的；之后把人造阴道挖掉，进行阴茎重建，植入人造睾丸；施打雄性激素，让他重新获得男人的肌肉和体态。但是这些手术哪里能弥补他身体和心灵受到的残害？

后来B娶了妻子，跟妻子的三个小孩住在一起。

这真是一段太悲伤、太凄惨的遭遇。事情到这个时候才渐渐还原本相，不成熟的学说引导了太多枉走的路，一路毁了B的人生。本相清明以后，生命却已经残破不堪。

B为什么愿意出来公开自己的遭遇？因为他已经成为教科书里头性别改造的成功典范，后来许多生殖器隐晦莫辨或生殖器惨遭外力重创的小孩，就依据他的"治疗成果"如法炮制。戴蒙德告诉他这个信息后，他怕更多小孩受害，决定出面现身说法。1997年，戴蒙德在重要期刊《小儿与青春期医学档案》发表论文，粉碎了M"性别改造"的神话。

2004年的一个夏日早晨，B的父亲打电话通知他们的友人，B昨天自杀了。

B自杀了，他勇敢地活了三十八年，然后选择结束自己的生命。想想看他从出生开始受到了什么待遇，如果不是很有勇气的人，哪有办法活这么久。

　　家里其余的人呢？满怀罪恶感的妈妈在 B 两岁的时候，也就是 B 第一次撕破大人要他穿的女孩衣服的时候，就尝试过自杀了；一筹莫展的爸爸变成了一个愁闷的酒鬼；双胞胎弟弟从小就失去关注，后来变成一个毒虫、罪犯以及严重的忧郁症病患，2002 年死于药物过量。B 的妻子心胸宽大，但是活在恐惧中的 B 时常莫名其妙发脾气，或老是怕自己被妻子遗弃，终于让妻子忍无可忍。2004 年的一个夏日，妻子向 B 提出暂时分居的要求，B 夺门而出。两天后，警察通知 B 的妻子，他们找到 B 了，他已经举枪自尽了。

　　性学权威 M 晚年为帕金森症所苦，2006 年住院治疗时死亡，享年八十五岁。

不一致的性

　　B 所有遭遇的起因是外力造成性器官损毁，加上当时整形技术还不够发达，没有办法好好重建，又适逢行为主义心理学风靡之际，于是针对 B 所做的治疗计划，就采取了改造性器官并且进而改变性别意识的激烈手段。除了 B 这种后天事故以外，有一些先天性的基因异常，也会造成性器官雌雄难辨，其中最常见的，就是罹患先天性肾上腺增生症的女孩，会有类似男孩的性器官。有些男孩，睪固酮正常分泌，但是细胞缺乏受体，睪固酮发挥不了作用，性器官会长得像女孩。

性器官出错

　　胎儿第七周的时候，外阴已经有初步的发育，这时候不论男女的外阴都还长得近似，有阴蒂、阴唇、裂缝。第八周开始，男胎外阴在雄性荷尔蒙的作用之下，阴唇闭合，阴蒂长大成为阴茎；女胎外阴则没有什么变化。但是有一种情况，有些人缺乏一种制造荷尔蒙的酶（叫作 21 羟化酶，简称CYP21），这时候荷尔蒙的产物会转向，就像高速公路不通，所有车子都开到替代道路一样。原本清幽的乡间小路现在变得很繁忙，内分泌器官的表现就是肾上腺增生，是一种先天性疾病（图 10-5）。转向后制造的产物当中有大量的雄性荷尔蒙，如果缺乏酶的是女婴，她的外阴会被雄性荷尔蒙导向男性的样子发育，情况严重的话，出生时会被误判为男婴。

　　为什么会缺乏这种制造正常荷尔蒙的酶？原来是基因出了问题。它的基因在第 6 号染色体，属于隐性遗传，也就是父母双方给的基因恰好都有故障时才会出现症状，常见的故障包括基因缺失了一大段，和基因转换——将附近一个已经没有功能的伪基因（叫作 CYP21P）当作复制的模板，这些突变造成基因功能减弱，或丧失，因此出现严重程度不一的症状。在黄色人种中，大约每一两万个新生儿就会出现一个病例。

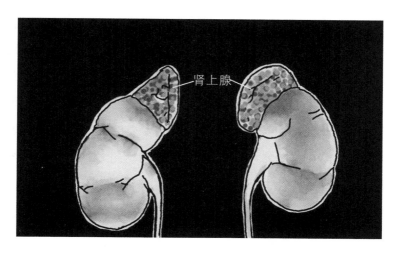

图 10-5　先天性肾上腺增生症，是女婴被误认为男婴的主要原因。

性别意识跟着错吗？

　　既然男性外阴是胚胎早、中期构筑的工事，而且是由睾固酮所导引，我们就要追问：外阴异常的小婴儿，长大以后到底会不会在性别认同上，也出现不同的转变？换句话说，在睾固酮携带着雄性化的指令来到施工地点，指引女婴外阴长成男性形状的时候，它是不是也在大脑中产生了一样的效果，让女孩自认为是男孩？这个问题早就有人注意了。四十年前，有一个研究针对 15 个罹患肾上腺增生的小女孩做问卷，她们的年龄在五到十六岁之间，平均十岁半，结果近半数（7名）满意自己身为女孩，三分之一（5名）不确定，两成（3名）

希望自己是男孩，但这 3 名当中只有 1 名严重不适应女孩的性别。十年前的一个研究中，18 个病患当中，10 个出生就知道是女孩，另外 8 个一开始被当作男婴，幸好在六个月大之前统统被发现原来“他”们是女婴；其中 2 名被精神科医生评估符合性别认同违常的诊断。近期发表的一个研究结果更令人惊讶，根据 2005 年美国俄克拉荷马大学医学中心的统计，他们发现，11 个女性肾上腺增生症患者当中，有 9 名被当作女孩教养，2 名被当作男孩教养；性取向方面，11 名当中有 6 名自认女孩，自认男孩的高达约四成。

从这些研究看来，肾上腺增生的女孩，大约有一到两成，甚至更多，以后会有性别认同的困扰。谁能料想一个突变的基因造成的问题竟然不只是生理的变化？上述案例的性染色体都是两个 X，没有 Y，所以染色体的层面是女性。她们的问题是缺乏一种制造固醇类荷尔蒙的酶，结果城门失火池鱼遭殃，上游的物料堆积太多，转而生产男性荷尔蒙，而荷尔蒙指引了外阴以及脑部的性别意识中枢的发育。

终于，最困扰的问题出现了：到底一个人的性意识能不能改变？如果一个女孩拥有类似男性的阴茎，而且自认为是男性，医生虽然可以帮忙整形，让她回复女性的外表，但是她的想法就很难讲，也许会吸引她的是女性，或是她根本不想跟男性产生亲密关系，因此这是一个棘手、没有标准答案的问题。

许多动物的性别，不像人类这么分明、这么全面。本书

第五章介绍过好几种鱼，它们也有雌雄的分别，但是性别的转变也是一种常态，许多生物的雌雄之间，是一段不规则的连续平面，可以逐渐变换角色。就像棒球场上大部分观众不是这一队的拥护者，就是那一队的粉丝，他们会为自己所心仪的球队卖力加油；但是也有不少观众并没有一种特别的偏好，就是爱看球。

美国曾经有一个令人瞠目结舌的例子。一名拥有极佳社会地位的白人男子，何先生，于1968年接受变性手术，变成何女士，并且跟他的司机和管家，一名非裔男人，结为夫妻。这是多么耸人听闻的大事啊，四十年前，黑白通婚加上变性手术！更耸动的消息还在后面：过了三年，何女士产下一名宝宝！原来何女士本来就是女性，由于出生的时候，不寻常的性器官让她被误认为是男婴，就一直过着男性的生活。直到她决定依照自己的意愿变性，才误打误撞，回复所有的本性。

性别意识的争执就在这里。有人主张性别天成，基因或荷尔蒙让一个人自认为是男是女；也有人认为性别意识是教养的结果，受到从小的生活方式、不良的亲子关系、性侵受害经历等等所影响。不同的主张会导向不同的对待方式，因此到底实情是什么，就很值得细究了。下一章，将继续探索科学界对于基因到底能不能决定性别意识这个问题的看法。

第十一章

基因可以决定性取向吗？

荷尔蒙、脑、性取向

2007 年 5 月，有八百年历史的英国大学城剑桥市，由议员互选产生的全球第一对男变女的市长女士及"市长夫人"就职。我觉得这件事情显示出剑桥的进步性，那里不仅有伟大的大学，更有伟大的市民，"个人"的价值也因此得到彰显。市长说，有些朋友提醒过她，英国的小报可能不会放过她，这个警告曾让她觉得自己好像活在 20 世纪 70 年代而不是 2007 年；她跟许多人提起这个忧虑，他们都说那不是个问题；她也明白在以前歧视变性人的气氛下，她不可能当上市长，"我很幸运生活在这个时代"。也许她说"此时此地"会更贴切。

珍妮·贝利（Jenny Bailey），四十五岁，曾任剑桥副市长，专长是无线电工程师，获得所属的自由民主党及工党议员支持出任市长，是英国史上第一位变性市长。贝利结过婚，育有两名子女，后来因为性别认同的困扰离婚，离婚后跟前妻结为手帕交，就像香火兄弟一般。前妻表示，贝利能为英国立下一个具正面意义的先例，她感到无比自豪。

贝利的患难密友，四十九岁的软件工程师詹妮弗·利德尔，则被授予荣誉市长夫人头衔。利德尔本来也是男人，十五年前，在进行男变女的治疗过程中结识贝利，两人成为密友。后来利德尔当过剑桥市议员，目前已卸下议员职务，专心当市长夫人。

贝利对自己的性别感到困惑是从六到七岁的时候开始，从那时起，他就一直压抑这种想法，到了二十几岁还是维持男儿身，但老是感觉不对劲。结婚、和妻子生下两个小孩后，他仍然无法控制想当女人的愿望。他曾经求助医生看能不能去除自己想当女人的念头，医生给他做电击嫌恶疗法，吓坏了他。最后贝利向友人及家人告白，在家人支持下离婚，并且开始接受荷尔蒙变性治疗，历经三年完成了变性手术。

性由脑管理

既然基因决定性腺，性腺分泌荷尔蒙，荷尔蒙造就性器官和脑的性别认同，那么为什么会有变性欲？造成变性欲的原因有许多说法，可以确定的是性染色体和性器官不一定能够决定性别认同，否则就没有变性欲的问题了。脑是思考的中枢，因此性别认同与众不同的时候，例如既有 Y 染色体又有男人性器官的人却自认是女人，是脑的判断异于常人。由于主导性别观念的神经位于脑的深部，人还在子宫时这部分的脑就制造好了，所以关系到性别认同的最关键时刻应该是在出生之前。

这个如今看来再明白不过的观点却得来不易，以前的人可不这么想。不久前行为主义还是显学的时候，心理学家主张婴儿出生的时候是一张白纸，没有既定的色彩。在一些行为主义者的理论中，纵使像性别观念这种先验的思想也深受后天教养（奖惩机制）的影响，而且性取向被认定主要是具有同样性器官的人互相模仿才成型的。这个想法造成的麻烦，就是否认或低估人天生就具有性别取向，主张可以利用后天的方式将性别赋予幼儿，或是利用行为治疗改变变性欲者的性取向。

但是大部分的心理学家和精神科医师也不全然听信行为主义的说法，反而采取比较中立、宽容的态度，渐渐主张变性欲不是一种病，更犯不着劳师动众，非要把变性欲的观念扭转过来。现在科学家已经找到许多证据，主张大脑男女有别，也发现大脑深部的下丘脑（调节内分泌活动的神经中枢所在）有一个区域可能跟性别观念有关；还发现那里有一种由特殊神经元（叫作"表达体抑素的神经元"）构成的零件，零件的细胞数量在男脑中是女脑中的两倍，但是男变女的变性欲者则跟女性一样，而女变男的变性欲者则跟男性一样。我们还不敢说这里就是性别观念的中枢，不过大脑深部构造本来就不容易受到后天因素的影响，所以，很可能男女大脑深部的差异是早在胚胎期就确定了，这个发现倾向于支持性别观念是天生就有的想法。

男人跟女人的脑会有不同，是因为男女 DNA 本来就不是完全相同。胚胎刚开始形成之际，并没有男女之分。到了第七周，如果胚胎拥有 Y 染色体，而且 Y 上面有男性决定基因（SRY），这个基因就会让胚胎转向男性，发育出睾丸、阴茎。

如果没有这个基因，胚胎是女性，会发育出卵巢、子宫。但是这些生殖器官只是生殖工具，性的层面很深很广，真正管理性的各个层面的部位，在大脑中。我们的大脑深部的下丘脑有一个由 2000 个神经元组成的零件，会分泌荷尔蒙来下达制造性激素的指令给性腺——卵巢或睾丸，这些指令就像是点燃青春圣火的火把。大脑监测身体状况，衡量环境因素，汇集各种信息，在适当的时刻命令下丘脑的神经细胞释出火把。性腺接到信息，会立刻展开生殖的准备工作，包括第二性征的发育，散放吸引异性的信息，排卵，或制造精子。

男女的回路

最近十几年来，科学家逐渐发觉男人跟女人的大脑有确凿的差异，就跟睾固酮和雌激素（图 11-1）在人体其他部位造成的差异一样明显。科学家利用磁振摄影等新的技术，发现大脑皮质，也就是大脑最外层，负责处理高层思考的部位，

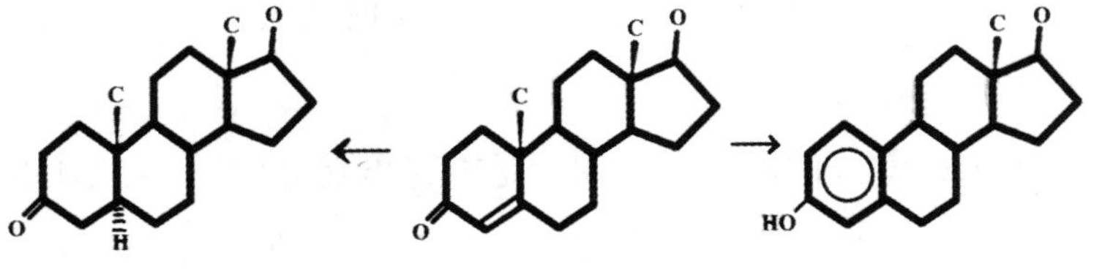

图 11-1　睾固酮（中）经过一个步骤，就可以代谢成雌激素（右），或强力睾固酮（DHT，左）。

女性就比男性厚得多。负责初期记忆的下丘脑在女性的脑子里也占了比较大的比例。除了脑子各个部位所占比例不同之外，男性和女性做同一件事情的时候使用的部位也不一样。例如大脑深部有一对杏仁核，功能之一是按情绪强度排列我们的记忆，做这件工作的时候，女人用左边的核，男人则用右边的核。男人版的大脑和女人版的大脑操作模式常常不一样。从男婴的阴茎被医生不小心毁掉，心理师建议当女孩教养，结果不但失败还造成受害者一家人发生悲剧的案例，就不难知道性别意识的起源，端看一个人拥有的大脑是男人版还是女人版。

设想男人版的大脑有一个活动的回路，让性欲的对象指向女人，可以想见同性恋者活动的回路一定跟异性恋者不一样。心理学家拿女人的春宫照给异性恋男人看，可以侦测到有性冲动的反应，给同性恋男人看则没有反应，但是给同性恋男人看男人的春宫照就有反应。女脑的回路跟男脑不一样，不管自称是异性恋还是同性恋的女人，对男女春宫照都会有反应，但是女人很挑，性的对象几乎都会选择男人。男人的性取向跟女人的性取向的决定时机也有所不同，男人的性取向几乎都是出生之前就确定了，换句话说，一个男人是异性恋还是同性恋，在出生之前大概就确定好了。女人则不一样，纵使少部分女人出生时就有同性恋的倾向，但是许多女人是在人生过了一大段之后，才变成同性恋者。

有没有同性恋基因，重要吗？

同性恋跟变性欲是不一样的情况，同性恋的人会从同性得到性欲的满足，但是完全没有牵涉到性别认同的问题。从生物学的角度来看，性的意识除了对自我性别的认知之外，还有一个面向，就是如何选择性爱对象的性别。

性的意识是如何确定的？现代人对这个问题，大概分为两种看法：有些人主张主要是遗传因素决定的，也有些人则坚信环境才是决定性意识的主因，不知道您主张哪一种？在不久前，20 世纪的后半叶，还有许多人坚信性的意识是后天造成的，变性欲和同性恋都是。因此需要借重科学方法，才能探讨同性恋的真相。

孪生研究

科学家研究人类的复杂行为时，经常采用孪生研究。他们会比较同卵双胞胎和异卵双胞胎共享同一种特征的情况。某一个特征同时出现在同卵双胞胎上的机会比同时出现在异卵双胞胎上的机会高出越多，表示这个特征的遗传因素越重。这是因为同卵双胞胎来自同一颗受精卵分裂以后发育成的两个胚胎，因此他们会分享一模一样的基因；异卵双胞胎之间则跟不是双胞胎的兄弟一样，只有半数基因相同。如果双胞胎是在一起成长，环境因素就一样了，这时比较同卵和异卵的某一项特征，等于比较基因对这项特征的影响力有多大。

美国心理学家贝利（J. Michael Bailey）首先对这个问题提出有力的看法。他征求了 110 个有双胞胎兄弟的同性恋者作为问卷调查的对象，同卵双胞胎有 56 个，其中的 52% 两个都是同性恋者；异卵双胞胎 54 个，其中 22% 两个都是同性恋。这个结果强烈显示基因与同性恋有关系。针对贝利的研究，有些人批评他依靠问卷采访同性恋者本人，结果可能不尽可靠。而另外一些人则认为，同卵双胞胎当中除了 52% 两个都是同性恋者之外，其余将近半数是一个同性恋一个异性恋，正好证明了基因不是同性恋的决定因素。这个说法看似有理，但其实是陷入一个基因决定一种行为的误解了。

基因只能造成行为的倾向，只有在其他变数都调整成没有明显的不同的时候，才呈现出统计学上的意义，并不是有这个基因就一定这样，没有这个基因就一定那样。尤其行为更不会由基因单独决定，成长的背景、环境、年龄、性别等等都会影响行为模式，而且这些因素的比重可能不亚于基因。所以科学家会说哪些事情是有关的，哪些是无关的，然后进一步抽丝剥茧，逐渐弄清因果关系。

发现同性恋基因

分子生物学家哈默（Dean H. Hamer）对这个问题有兴趣，他知道要进一步研究性倾向的遗传因素，唯有直接找出跟同性恋有关的基因来。贝利发表研究结果那一年（1991）秋天，哈默取得了美国卫生和公共服务部的研究经费，给他利用DNA连锁分析追踪影响性向的基因。简单讲就是把人的DNA分成许多段，每一段有几种不同的版本，然后看看是不是同性恋者特别容易有哪一段的哪一种版本。找到这种DNA之后，再看看同性恋者的异性恋兄弟身上是不是也有。如果有哪一种版本的DNA是同性恋者所独有的话，那么很可能跟性取向有关的基因（如果有这种基因的话），就在这一段DNA里面。

哈默在同性恋者的报纸上刊登广告，征求愿意加入研究计划的同性恋者，结果来了76个人。研究者深入记录了他们的家族史，并且仔细询问每一个亲属的性取向。结果发现同性恋者的兄弟和堂表兄弟当中，13.5%是同性恋者，远高于一般人的比例（2%到4%）。

哈默从这些同性恋亲属的分布发现一个很特别的现象，就是显然他们大部分是妈妈那一边的亲戚，例如舅舅也是同性恋，或是姨妈的儿子也是同性恋。这个现象代表的意义是X染色体上面可能有跟性取向有关的基因，因为男人的染色体当中X只有一个，而且X一定是从妈妈来的。一个男人跟母系亲戚分享了许多共同的基因，但是不包括Y上面的基因；也跟父系亲戚分享了许多共同的基因，但是不包括X上面的基因。

接着研究人员针对X染色体设计了22组DNA探子，检验同性恋兄弟是不是有特别的基因。由于每个女人身体的细

胞有两个 X，但是成熟的卵细胞则只有一个 X，是由两个 X
各贡献几个区块(一串 DNA 叫作一个区块)拼凑起来的综合体，
因此每一对兄弟的 X 上面的基因大约 50% 相同。假如 X 上面
果真有与性向相关的基因，那么包含这个基因的区块，在都
是同性恋的两兄弟身上应该是同一种版本。

　　哈默分析 40 对同性恋兄弟档的 X 染色体，结果发现其中
33 对在 X 末端是同一种版本，这个数字远大于预期的 20 对，
这表示 X 末端可能有性取向基因，而且至少有一种同性恋——
哈默的实验对象那一种——跟这个 X 末端的基因有密切的关
系（图 11-2）。不过 40 对同性恋兄弟当中还有 7 对不是这个
版本，而且有些家族性同性恋者的分布看起来跟 X 没有关系，

图 11-2　这一段 DNA（Xq28）内可能有一个跟同性恋有关的基因。

所以 X 末端跟同性恋有关的基因，一定不是造成同性恋的唯一的或是不可或缺的基因。

此外，女同性恋是否也跟 X 末端的版本有关系？哈默发现，没有。只有母系家族倾向的男同性恋者有关系。女同性恋跟男同性恋是不同的因素造成的，我们可以在男同性恋者的家族中发现比较多的男同性恋者，但不会有比较多的女同性恋者；在女同性恋者的家族也可以发现到比较多的女同性恋者，但是不会有比较多的男同性恋者。

别的科学家有不一样的见解。加拿大的赖斯（George Rice）找来四十几个同性恋家族，研究他们 X 末端的版本，结果并没有哈默所说的某一种版本与同性恋有关的证据，他在 1999 年发表研究结果，这篇发表在科学期刊上的论文无异于当众给哈默一个巴掌。为什么会有不同的结果？哈默指责赖斯取样有问题，但是赖斯说自己才完全是随机取样，没有加入个人偏见，意指有人选取家族性的特例当作通例，哗众取宠。

哈默和穆斯坦斯基（Brian S. Mustanzki）在 2005 年再度发表令人瞩目的研究成果。这一次他们找来 146 个有两个或更多个同性恋兄弟的家族，总共 400 多人，做全基因体的搜猎。除了原先的 X 染色体末端之外，他们还找到第 7、8、10 号染色体上面有些区块跟同性恋可能有关。

到底这些区块上有哪些可能的相关基因呢？第 7 号染色体相关区块上有一个基因，跟大脑深部下丘脑的发育关系密切，而同性恋者和异性恋者这部分的脑大小不一样，因此要列入可能相关的基因；还有一个基因具有推动胚胎的大脑分化成左右半球的功能，由于男女同性恋者都比较多见惯用左手（左利）的人，而左利、右利跟大脑左右分化又有关系，所以这个基因也要列入可能性名单。第 8 号染色体相关区块上面也有一些令人起疑的基因，包括总管性荷尔蒙的基因、制造女性荷尔蒙的基因，以及一个调节中枢神经发育的基因。第 10 号染色体相关区块只跟母系同性恋亲属有关联，父系同性恋则看不到，表示相关基因有可能是一种印记基因，意思是它们从父亲来或是从母亲来会有不一样的表达，这里可能相关的基因大约都跟神经发育有关系。

　　孪生研究经常被批评研究对象数目太少，容易产生误差；尤其研究同性恋倾向这个问题时，都是"出柜"的同性恋者才会参加，有可能无法代表全体。针对这个问题，需要来一个大型研究。瑞典的科学家利用该国所有孪生数据都登记到政府档案的优势，从总共 4 万多名 1959 年到 1985 年间出生的双胞胎，随机找来 3826 对双胞胎，其中 2320 对同卵、1506 对异卵。这些人的性取向可能代表全体瑞典人的性取向：5% 的男性和 8% 的女性有过跟同性进行性活动的经验。2008年，瑞典的这份研究发表在《性行为档案》期刊，研究结果基本上支持之前的发现，也就是同卵双胞胎同性倾向的一致性高于异卵双胞胎，只是遗传因素的比重在这里占得低一点。他们的结论是，遗传和环境都有影响力，所谓的环境因素不仅是教养，怀孕时有没有让胎儿吸收到荷尔蒙或某些化学成分，也要列入考虑。

除了基因以外，加拿大的科学家发现排行跟同性恋也有关系：哥哥越多的，同性恋的机会也越大。会不会是子宫里面的男婴让妈妈产生了某一种抗体，也许是对抗睾固酮的抗体，等下一次又怀了男婴的时候，抗体对胎儿的大脑男性化的过程产生某种干扰，导致性取向起了变化？

同性恋基因的重要性

同性恋基因是否存在，到底有多大的重要性？如果有一种基因检测，可以用来鉴别一个人是不是同性恋，确实会造成一些社会变化，除了大众对于同性恋的观感可能改变以外，最主要的差别在公民的权利义务上：同性恋者要不要当兵？同性恋者之间能不能合法结婚，能不能享有与异性恋家庭一样的福利，例如婚假、育婴假、所得税的免税额、各种家庭津贴等等？其实，早在 20 世纪初期，德国就有同性恋者主张同性恋是一种遗传的特质，就跟男人或女人一样，是先天的另一种性取向，因此大众不应该对同性恋者带着偏见或不公平对待。纳粹当道的时候，承认同性恋是一种遗传，但是纳粹并没有因此就让同性恋者分享异性恋者的社会资源，反而主张那是一种先天的、无药可救的缺陷，应该彻底清除。处理基因的话题要十分小心，有时候学者天真的见解到了政客手中，会变成杀人的借口。

是不是存在着同性恋基因还有一个重要性，关系到产前筛查与伦理的层面。如果有个孕妇告诉医生："我的舅舅是同性恋，不久前才死于艾滋病；我的弟弟也是同性恋，现在正在跟艾滋病搏斗。医生，你帮我做筛查，如果肚子里面的胎儿以后也是同性恋，我要另做打算。"医生该不该接受这个孕妇的说法，帮她做筛查？如果有另一个女士，有一样的家庭背景，找上医生要求先做试管胚胎的基因筛查，再挑选没有特定基因的胚胎怀孕，医生该不该帮她做这些事？

回答这个问题之前，有几个背景资料必须弄清，第一，由于搜猎基因的工作都是以同性恋者为对象，所以我们只知道家族性同性恋者当中大约八成拥有所谓"同性恋基因"，但是不知道拥有这些基因的人长大以后果真是同性恋的比例；第二，有很多同性恋者在家人的理解、支持下过着很愉快的生活，也有许多同性恋者表现出极大的才华，因此在同性恋跟痛苦、耻辱、艾滋病之间画上等号是偏差的观念；第三，科学进步除了提高生育能力之外，也应该让与生俱来的疾病或不自然的死亡日渐减少；第四，现在许多国家每年都有很高的堕胎数目，堕胎的主要原因是什么？主要还是意外怀孕、避孕工作没做好。综合这些背景资料，加上如果不要唱高调的话，其实可以看出来，这种问题已经远远超出医生的职责。医生只能提供背景资料，孕妇或打算怀孕的妇女要自己做决定。

同性恋者也不见得就都欢迎所谓同性恋基因的说法。在哈默指出 X 染色体末端可能有与性取向相关的基因之后，有的同性恋团体就质问：政府花钱资助这种研究干什么？为什么不花钱去找"同性恋恐惧症"基因？毕竟真正有毛病的是同性恋恐惧症，不是同性恋。这话听起来也言之成理。

科学家有办法改变生物的性向吗？

整整一个世纪以来，作为生命科学最重要的一种实验动物，果蝇忠实呈现给人们许多探索生物奥秘的机会（图 11-3）。果蝇是一个属，属下有 1500 个物种，其中最受实验室重视、

图 11-3　果蝇，帮人们揭露生命的奥秘的好伙伴。图中果蝇跟西红柿的放大倍数不成比例。

最广为利用的，是黄果蝇（亦称黑腹果蝇），本文叙述的主角也是它，借它来看看到底基因能不能决定性取向，以及到底能不能通过基因操作，改变生物的性取向。

果蝇的性向

自从孟德尔关于豌豆遗传的漂亮研究问世以后，经过将近半个世纪的沉寂，直到 20 世纪初，才又渐渐有人从事大规模的遗传研究。从那时候开始，果蝇就因为生活史短、繁殖迅速、好饲养、功能够复杂而受到重用。1901 年就有实验室培养果蝇当作实验动物，到了 1909 年，美国遗传学先驱摩尔根的研究室也从果蝇的突变入手，建立起庞大的果蝇科学。到现在科学家如果想了解某一种生理功能，不管是胚胎发生的过程、基因的作用、致癌基因的原理，还是视觉、嗅觉、神经肌肉的控管等等，果蝇几乎一定是最先被考虑到的实验动物。果蝇的性当然也是科学家重视的研究项目，尤其近半个世纪以前，吉尔（Kulbir Gill）发现一群突变的雄果蝇追求同性以后，更让科学家的眼睛紧紧盯着果蝇的性生活不放，非要它们抖出身上的秘密不可。

吉尔是从印度到耶鲁大学访问的学者，研究女性不孕症问题，实验中需要用到 X 光照射果蝇，造成突变，看看它们的子孙会出现什么毛病。他发现一个有趣的现象：某一群突变的雄果蝇，会互相追求，而且也会振翅高歌，就像野生果蝇追求雌蝇一样。吉尔给突变的基因命名为 fruity，写了通讯，然后回头继续做不孕症研究去了。

过了十年，研究生物学的霍尔（Jeffrey Hall）看到通讯很感兴趣，就接手继续研究这个基因。Fruity 基因名字的意思是有水果味的，可是美国俚语中的男同性恋者也是这个词，难免令人不舒服，于是霍尔改称 fruitless，无果基因，同样书写成 fru。他发现突变的无果基因让雄果蝇的性行为不一样：第一，它们不但追求雌果蝇，也追求雄果蝇，但都没办法成功交配；第二，它们追求同性，也不排斥被同性追求，只有突变的果蝇才表现出这样的行为。现在我们知道，无果基因突变是隐性的，只有一对基因都突变才会表现出来，性取向表现得类似双性恋，而且外表也会呈现一些双性的特征。

究竟雄果蝇的性取向是怎样观察的？原来雄果蝇的求爱行为是一种天生的本能，是基因决定的复杂仪式。一开始，雌蝇在前，已经"性致勃勃"的雄蝇先锁定雌蝇方位，接着就规规矩矩尾随心仪的女士，雌蝇一停下脚步，雄蝇就立刻跟着停下来，不敢造次；跟了一会儿，雄蝇会试探着用前肢轻敲它的腹部；如果没有吓走它，雄蝇接着就施展绝技，张开一片翅膀，快速震荡，发出自己种族特有的声音，一会儿翅膀酸了，换另外一片接力；雄蝇看雌蝇听得迷醉，越来越大胆，更靠近雌蝇，开始舔它的性器，试着交尾，然后达阵。除非它最近才交配过，不然这时通常不会拒绝。吉尔用 X 射线制造的那个突变，则让雄蝇看到果蝇就追求，而且不排斥被其他雄蝇追求，于是本来应该是跳双人舞的舞池，现在变成一长列的雄蝇跳起土风舞来了。

后来的研究发现，随着无果基因突变的严重程度不同，雄果蝇的求偶表现也会有差异。轻微突变的果蝇可能无法交配，严重突变则无法演奏情歌，或是根本提不起"性趣"。所以我们知道，正常的无果基因是求偶、交配、繁衍必备的条件。

操作基因雌转雄

从澳洲远赴维也纳研究果蝇的性和神经回路关系的迪克森(Barry J. Dickson)，进一步证实无果基因跟性向的因果关系。他采用一种叫作"基因靶向"的技术：先设计一段DNA，中间段是无果基因——但是基因控管部位的几个核苷酸被改造过了，两头是没有变动的上下游几千个核苷酸；然后把这一段DNA注入果蝇的胚胎干细胞。细胞有一种特性，它收到一段DNA的时候，喜欢拿来跟自己原有的DNA比较看看，甚至交换看看，因此科学家就有机会偷天换日了。迪克森设计的DNA中间段的无果基因有好几种版本，它们已经不受果蝇的性染色体控制了，不管是在雄蝇还是雌蝇身上，有的版本总是产出野生雄果蝇才有的无果蛋白，有的版本则跟雌果蝇一样总是不能产出无果蛋白。

迪克森借这些基因改造干细胞制造出基因，改造果蝇品系，现在他的手上有一些雄果蝇不能制造无果蛋白，也有一些雌果蝇会制造无果蛋白了。这些果蝇的性向有什么不一样吗？还真的不一样！现在基因改造雌蝇开始追求普通雌蝇了，而基因改造雄蝇则没什么"性趣"。之前的研究已经证实，雄蝇的求爱行为需要无果蛋白；这个研究更进一步显示，雌蝇的中枢神经回路如果表达无果蛋白，它也会像野生雄蝇一样，按部就班追求雌蝇，也会锁定、跟随、振翅、舔舐、试骑，只不过没有交尾（图 11-4）。

　　当然，果蝇的求偶是一种本能，跟人类不尽相同，不能

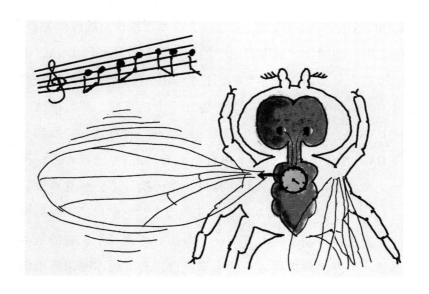

图 11-4　改变一个基因，就可以改变果蝇的性向，甚至让雌果蝇高唱起雄果蝇的求偶之歌。

单从这个实验就说人类的求偶或性向也是一个关键基因就能决定。人类的性取向固然有很大的部分是一种本能，但是人类要采取一种行动之前，必须先行衡量许多互相冲突的价值、计算得失，判断的过程中大脑皮质扮演了很重要的作用，果蝇可没有像人类一般复杂的大脑。迪克森利用基因靶向置换基因的变性果蝇，意味着实验室可以用设计好的 DNA 序列定点改变基因，跟以往用物理方法或化学方法制造的随意突变有很大的不同；另外，果蝇求偶是一种复杂的行为，跟血糖升高胰岛素就分泌、痛了就躲避这类生理反射完全不可同日而语，单独一个基因就可以掌管这些复杂的行为，代表的是生物有一种管理层级的基因，可以总管由相关基因连手共构的复杂行为；果蝇是不是表现出一种特定行为，不在于它有没有主导这个行为的神经回路，而在于已经存在的神经回路怎么表达一个基因，这一点也表示神经系统的功能是一种有着多种层次的生理构造。

果蝇的求偶行为已经够复杂了，人类的行为还远比任何其他生物都来得复杂，这是因为人的大脑皮质特别发达，除了本能之外，还可以大量学习新把戏。甚至通过皮质控制大脑深部，因而有冥想、内功、用意识改变原本应该自动运作的自律神经系统、压抑本能等等。有个搞笑的基因图谱，X 染色体上标记了爱打电话的基因、爱逛街的基因、疑心病的基因等等，Y 染色体上则标记了小时候喜欢将蜘蛛或爬行动物当宠物的基因、喜欢打球的基因、手拿遥控器一个频道转过一个频道的基因、说大话的基因等等。图谱是为了博君一粲，故意罗列一些刻板印象中的特质，给世间男女贴上好笑的标签，不过任谁都看得出来，这些行为没有一样是一个基因就能决定的。性意识的复杂在于，没有人说得出来到底性意识有多复杂。某些时代的某些社会，连爱慕异性都是一种禁忌，更别说变性或同性之恋了，现代人不能不反抗那种霸道。

果蝇的无果基因实验，让我们观察到基因在复杂的求偶行为中的重要性，也暗示了人类的行为的生物基础，缩短了我们和真相的距离。人类要不要尊重自然？如果愿意尊重自然，也就可以宽容看待自然界的形形色色。

第十二章

性的世界

性择

许多年以前，中国台湾南投县竹山镇的台大实验林里，曾经豢养了一群孔雀，那是我小时候时常流连忘返的地方。印象中孔雀活动力很强，虽然身躯比火鸡大上一倍，但是一跃就飞到高大的树上；它的叫声响亮刺耳，跟华丽的外表相较显得有些突兀。公孔雀羽毛艳丽，母孔雀则平淡无奇，和母火鸡没有多少差别。公孔雀老是喜欢在母孔雀面前若无其事地走来走去，突然间抖抖身子，雀屏一开，逼近母孔雀，一副忘了我是谁的样子。这一套一再重复的仪式，让每一个目睹的小孩心里都会产生"它这是干什么"的疑问。

达尔文心里头也有这个疑问，所以 1859 年出版了《物种起源》以后，来年在给友人的信里就埋怨起公孔雀来了："只要一看见孔雀尾巴羽毛那个样子，我就觉得恶心！"他觉得恶心的理由是，有着太夸张的巴洛克式装饰的雄孔雀，或是鲜艳大尾巴的雄孔雀鱼，或是头上顶着巨大犄角的雄麋鹿，或是费心营造华而不实的大鸟巢的雄亭鸟，这些动物让天择理论面临了挑战：它们为什么花费那么多心力，冒着被天敌猎杀的危险，不惜暴露自己的行迹，不惜牺牲行动的便捷性，也要追求酷炫的极致？这些习性为什么没有在进化的历程中遭到淘汰？它们对生存的优势有什么帮助？

一再思索的结果是，继"天择"理论之后，达尔文又提出"性择"，来解释动物为了求偶耗费许多心力的理由。性择就是让动物取得求偶优势的一种进化历程，取得性择优势的动物才能让自己的基因传递到下一代。达尔文在1871年出版的《人类原始论与性择》一书中，指出性择的手段有两种：一种是同性之间的拼斗，这会强化第二性征，例如庞大的鹿角让雄鹿可以在比武的过程中获胜；另一种是夸张地展现自己，赢取异性的青睐，雄孔雀就是采用这个方法（图12-1）。

性择竞技场

图12-1　为了获得跟异性交配的机会好传宗接代，有的动物会比武斗狠，以力取胜；有些则争奇斗艳，吸引异性。

男性的拼斗

很明显，动物的性择战斗在雄性间进行得比较激烈，雌性通常是以逸待劳的一方。有人就主张那是因为精子比较没有价值，因为雄性拥有不虞匮乏的精子，它们会想尽办法跟尽量多的雌性交配，以将自己的基因广布给下一代，有办法把基因传给越多后代的雄性越有生存竞争的优势。雌性由于卵子有限，怀孕要损耗许多能量，而且一生能怀孕的时间点不多，因此它们没有多少机会尝试错误，必须精挑细选。选错郎的代价很严重，可能让自己的基因走上绝路，只有做出正确抉择的雌性，才可以让自己的基因在进化的战场上幸存。这个说法可以解释为什么过度炫耀的长尾巴，长在雄孔雀身上而不是雌孔雀身上。

性择这出戏码表演得最声势浩大的团体，名单之中一定要列入海象。取得男主角的戏份之前，公海象间会有一番激烈的拼斗。重达3000千克的海象一开场先挺起上身，发出惊天动地的吼声，然后互相冲撞对方，力道大得就像要山崩地裂，接着杀红了眼的选手会用粗大有力的牙齿咬对方的颈部，破碎的伤口喷出的血液染红了周遭的海水。这么惨烈的争斗会赢得什么？在美国加州太平洋沿岸的小岛上，胜出的海象可以获得一百多后宫佳丽的性主导权。为了晋身相扑横纲，雄海象的体重可达雌海象的五倍，因此不时发生交配的时候

雌海象被活活压死的惨剧。少数体格娇小的雄海象则趁着相
扑大赛进行得如火如荼的时候，在海滨一角，跟不信大就是
美的雌海象偷情。

　　不是每种动物都那么野蛮，麋鹿就优雅多了。多数品种
的麋鹿在交配季节来临时，会先长好竞赛用的犄角。在竞技
场上，一开始雄鹿发出鹿鸣或嘶吼，吼声最大最长的雄鹿经
过这一叫，会让许多竞争者知难而退。没有退却的雄鹿进入
第二场赛事，它们抬头挺胸并肩赛跑，比肩膀，比胸膛，比
体格，弱小的麋鹿自惭形秽就退场了。决赛由剩下的几个坚
持到最后的健美先生斗角，但是很少出现像海象一般决斗到
尸横遍野的场面，对大部分麋鹿而言，鹿角已经进化成用来
取悦雌麋鹿的装饰品。

性的炫耀

　　许多动物在性的竞技场上放弃野蛮的肉搏战，采取了吸
引异性的策略，也就是达尔文的第二招。表面上看来，第二
招鲜艳的色彩、有趣的装饰、闪烁的效果似乎比较优雅、温和，
不像使用第一招的粗壮或凶恶的斗士那样有力，可是在传宗
接代的效果上，第二招一点也不会逊色。

　　孔雀和其他许多鸟类采用的办法也主要为吸引异性，它
们除了艳丽的外表以外，还会设法加上动作和音效等等。例
如孔雀就会不时抖动夸张的雀屏，加上喷气声来加强效果。

有红衣主教之称的红雀，雄鸟吸引雌鸟的方式除了火红的色彩，还会发出悦耳的声音，并且搜集可口的向日葵种子献给雌鸟，以博得欢心。

古代玛雅人的神鸟，如今危地马拉的国鸟凤尾绿咬鹃（Resplendent Quetzal，后面这个词——格札尔，也是危地马拉的货币单位），是一种像鸽子一般大，有着绿、红、黄、蓝等鲜艳羽毛和长尾巴的美丽鹃鸟。求偶的时候雄鸟会盘旋而上约 50 米高，然后顺着优雅的弧度快速往下冲，这时候它那两根长达 1 米、美丽得令人迷醉的尾巴就会完全展现在雌鸟的眼前。有一个关于它的叫声的说法是这样的：如果你站在玛雅文明遗留的库库尔坎金字塔前面几米的地方，然后双手一拍，会听到阶梯式的回音，这些声音合起来就是凤尾绿咬鹃的叫声。换句话说，金字塔记录下了玛雅神鸟的声音。库库尔坎金字塔是依据算学与历法精确修建的神秘古迹，表面有梯级很高的阶梯，人类没办法走上去，只能攀爬，人类学家不愿意附和那种所谓阶梯是给古代巨人行走的鬼话。现在，回音这个说法解释了为什么库库尔坎金字塔的梯级会那么高，原来那不是为了给人攀登用的，而是为了播放神鸟之声设计的。不知道你信不信？

性择跟天择一样，都免不了竞争，但是有的物种却展现出奇特的合作行为。例如哥斯达黎加有一种长尾侏儒鸟，求偶的时候两只雄鸟组成快乐双人组，一边唱歌一边杂耍。它们停在水平的树枝上，等雌鸟靠近，就开始表演，第一只往后跳过第二只身体，然后月球漫步般往前挨近雌鸟，接着换第二只跳过第一只，这样周而复始，有时候要持续 20 分钟，配合悦耳的歌声，逗得雌鸟芳心大悦，其中一只雄鸟就可以和它交配。问题是，快乐双人组是由一个老大和一个跟班搭配成的，每次忙半天以后交配的都是老大，就算现场有两只雌鸟，也是一只先交配，下次另一只再交配，但都是跟老大。这样一来跟班不是白忙一场了吗？如果只有老大可以交配，跟班很快就绝种了，以后也就没有这种双人舞了。有人仔细观察，终于发现其中的秘密：原来跟班是学徒，它跟着师父学习复杂的求偶仪式，经过多年的学习，等到师父退休，学徒就可以迈着舞步上场求偶并且传宗接代，顺便带领后进。这种师徒制的求偶方式，并没有脱离进化或性择的原理。

　　科学家发现有一种野放的丛林鸡，雄鸡射精后，母鸡有办法排出它不喜欢的对象留下的精液。许多昆虫也有类似的能力，它们交配后，精子可以在雌性昆虫体内存活一段时间，好几天，甚至好几年；但是由于大部分的雌性动物有许多性交的对象，昆虫也不例外，现在昆虫女士遇到更满意的对象了，它决定要和后来的真命天子共创新生命，这时它会把库存的精子排出体外，接纳新的精子。它们是先性后择，虽然奇特，却并不偏离性择的章法。

　　性择的竞技场上不一定就靠比武或比外表，有时候是靠斗智、比脸皮。东非大裂谷中的坦噶尼喀湖里，有一种鱼——亮丽鲷，它们在蜗牛空壳里面生养后代。雄鱼是雌鱼的 30 倍大，是动物界中雌雄体型差距最大的物种。雌鱼在壳内产卵，雄鱼在外面射精。强壮的雄鱼一边在一堆费心搜集来的蜗牛壳之间等待催情的信息，一边还要提防其他雄鱼偷袭播种。生物学家发现有些亮丽鲷不想充好汉，不想登上达尔文为生物的性爱嘉年华搭建的伸展台：行动猥琐的雄鱼会变身宛如体型细小的雌鱼，羞答答进入空壳内，看得大雄鱼心头痒痒，以为佳丽进住了。猥琐的雄鱼在空壳内耐心等待，等到真正的雌鱼来了，它们就在壳内交配，留下忍辱偷生的种。

如果这还不够瞧，小丑鱼更使出杀手锏：厉行一夫一妻制的小丑鱼，雌鱼比雄鱼壮大；如果雌鱼死了，或者不见了，找不到老婆的雄鱼会开始大吃，改变体型，也改变性别，然后引诱另一只雄鱼来共结连理，结婚生子。为了传宗接代，生物真是用尽办法。

性择不完全是雄性的表演大赛，如果是雄性比雌性强壮得多的物种，雄性也会挑选自己中意的对象，也会霸王硬上弓，性择的主导权就在雄性这边了。生物界的特点就是复杂，简化的系统必定会面临许多例外。

进化是什么？

进化论是人类历史上最重要的几个发现当中的一个。进化论的重要性可以和哥白尼的"天体运行论"，牛顿的"万有引力"相提并论。天体运行论给了人们立体的宇宙观，而万有引力就像联系宇宙万物的绳索。在这个运行不止的舞台上，各式各样的生命形式在地球上盎然生存。

物种是如何产生的？

以往西方文明相信创世的说法，也就是世间万物，包括所有的生物，都是上帝创造的。《创世记》这样记载：

> 太初，上帝创造天地。大地混沌，还没成形。上帝创造昼夜，于是有了第一天。第二天上帝创造天空。第三天把天空下面的水汇集在一处，使大地出现；并且让陆地生长了各种植物。第四天，上帝在天空创造日月星辰来照亮大地。第五天，上帝创造了巨大的海兽、水里的各种动物，和天空的各种飞鸟。第六天，上帝创造了地上各种动物：牲畜、野兽、爬行动物。接着，上帝照自己的形象创造了人，有男，有女。天地万物都创造好了。第七天，上帝因为工作完成就歇了工。

在达尔文（1809—1882）的时代，知识界大部分的人对《创世记》的说法深信不疑。为物种分类命名的林奈（Carl von Linné），就托辞他的工作是给上帝创造的万物编造名册。有这样的信仰，关于物种产生的问题怎么会是问题？上帝创造就是答案了。随着地质学与考古学的发展，科学家发现，地层里有一些动物化石，在现今的动物世界里已经看不到了，这是很严重的现象，上帝创造的东西怎么会灭绝呢？而且纵使创世的七天已经过了，还是有新的物种产生，于是科学家开始追问，掌控物种生灭的秘密到底是什么？进化论要解决的就是这个问题：物种是如何产生的？

达尔文思索这个问题之前，欧洲社会已经开始有人认为物种是进化来的。当时已经有很多证据，让科学家质疑《创世记》的说法可能有问题。例如：尽管没有人知道地球有多古老，但是由于年轻的地层会堆积在古旧的地层之上，其中就有丰厚的自然史记录，因此地质学家根据地层的资料，发现地球的存在已经极其久远，地球诞生的时间远比《圣经》记载的还要早得多。

另外，科学界开始注意地层的内容，当时有一个新观念，叫作"均变说"（又称古今同一律），意思是地质变动是一种缓慢、持续的过程，从古到今一直都在进行；相对于这个想法的是"灾变论"，主张是少数的几次大灾变，改变了地质。达尔文搭乘小猎犬号环球绕行一周的时候（1831~1836），带着莱尔（Charles Lyell）的著作《地质学原理》，莱尔就大力提倡均变说，主张"现在是通往过去的一把钥匙"，而且过去发生的一切地质作用都和现在正在进行的地质作用方式相同，所以研究正在进行的地质作用，例如河流侵蚀、泥沙沉积、风化、火山爆发、地震等等，就可以明了过去地质是怎么变化的。

在18、19世纪，化石的大量出土也是震惊科学界的因素。以往的博物学家认为化石是生物的遗骸，而且这些生物现在还存活在地球上。可是越来越多的大型化石简直让博物学家瞠目结舌，例如巨兽长毛象的化石就让人相信这是一种已灭绝的物种，因为如果现在还有这种巨兽，一定无所遁形，一定会被人们看到。另外，比较解剖学家居维叶（Georges Cuvier）还指出，从越底层挖掘出来的化石或遗骸，越不像现存物种，这一点也隐约影射了物种的变迁。

不同的物种之间有时候会有许多相似的地方，可以作为彼此之间相关程度的衡量。达尔文之前，已经有一些杰出的科学家提出物种进化的想法，但是没有办法解释进化是怎么发生的。拉马克（Jean-Baptiste Lamarck）就是最著名的例子。他指出物种之间的相似性正是进化的证据，而"用进废退"就是进化的原因。他这样描写长颈鹿："我们知道这个动物，哺乳类中最高的一种，居住在非洲内陆，干旱的土地上寸草不生，迫使它必须一直抬高才吃得到树叶。这个习惯持续很久以后，造成全体的前脚比后脚长，脖子扯得老长，所以长颈鹿头抬起来有六米高。"

这是说长颈鹿为了吃到树叶，所以脖子拉得老长，终于演变为现在的样子。如今我们都知道用进废退这个说法是不对的，但是这个例子也让我们明白，19世纪初期，自然学家就在《圣经》的创世说法之外，另行思索物种起源的问题了。

几年前翻译成中文出版的《丈量世界》一书里有两个主角，分别是数学家高斯和探险家洪堡。洪堡对达尔文影响很大。

青年达尔文早就计划要到卡纳利群岛亲自见识洪堡在《中

南美洲旅游记》里面提到的，高 18 米直径 6 米的龙血树了。

机会终于来了。1831 年底，二十二岁的青年达尔文搭上小猎犬号，从英国往南行，绕过美洲南端的火地岛西进太平洋，经过澳洲一路西行，五年后回到英国（图 12-2）。旅途中他花了三分之二的时间在陆地上，收集了许多化石和生物标本，书写了许多地质观察报告，包括他亲身经历的火山爆发、大地震等等，这些第一手的资料让英国知识界惊艳不已。

在加拉帕戈斯群岛，达尔文发现不同小岛上的陆龟之间有微妙的差异。他还发现各岛之间的雀鸟的喙有种种微妙的变化，这些雀喙和远在 600 英里外的厄瓜多尔的普通雀喙类

达尔文航海路线图

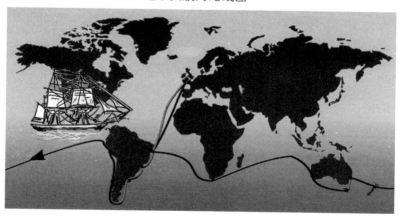

图 12-2　达尔文于 1831 到 1836 年之间，搭乘小猎犬号航海绕行地球一周。这趟博物之旅让他确信物种形成的基本原理就是进化。

似，但有明显的不同。他仔细绘制了从粗短到尖细的各种雀喙，俗称达尔文的雀喙。"变化"这个观念很重要，因为如果细微的差异隐含着物种在适应环境的过程中具有修改外形的潜力，这个潜力就是形成新物种的动力了。

进化的动力

1858 年 7 月 1 日，在伦敦一栋新古典主义建筑里，林奈学会有一场改变历史的演讲。那一晚，学会的秘书长朗读了由达尔文和华莱士（Alfred Russell Wallace）共同署名的论文。他一定花了一两个钟头才读完这篇长达 18 页的密密麻麻的文稿吧？长不是问题，这场历史盛会一定会让参加的人永生难忘。因为从那一刻起，林奈学会不再只专注于描述、分类现存的生物，他们还要利用生物的特征，追索生物在进化上的脉络，在生命的家族树上给生物安排一个位置。这棵生命树的原型正是次年达尔文出版的著作《物种起源》一书中唯一的附图。

1859 年，《物种起源》出版了，一时洛阳纸贵。已经五十岁的达尔文在书中提出的看法是：第一，**物种的特征随时在改变**，因此现存物种跟以往的物种有很大的不同。世界不是一成不变的，而是随时变迁的。化石的证据显示，许多过去曾经生存于世间的物种如今已经灭绝了。

第二，**所有的物种都来自一个共同的祖先**，经过趋异进化的历程逐渐变成不同的种属，这也解释了为什么近似的物种会出现在同一个地理区域。从趋异进化的想法可以推论，歧异是物种适应环境变迁的手段，达尔文说："根据趋异原理，与亲代越不相似的子代，越能生养众多。"也就是说，与亲代歧异度最高的子代，最受天择青睐。此外，如果往前追溯得够久，任意两个物种一定可以找到共同的祖先。

第三，**天择，亦即适者生存**。这是达尔文理论里最重要最具革命性的部分。他从人类豢养的生物开始说起："人择已经创造出无数怪异品种……但是生物的变异不是由人直接创造的，人类只能保存、累积变异。"然后从人择推进到天择，他说："自然发生的变异，凡有利于生物在栖息环境中生存的，就会保存下来，遗传到下一代。……这个过程叫作天择，或适者生存。"

以现在的眼光看达尔文学说，我们可以说进化论的基础在于 DNA 的生物性质。DNA 如果不会突变，自然就没有进化，这一点毋庸置疑。事实上 DNA 经常突变，早在 19 世纪晚期，就有遗传物质会突变的观念了，现在 DNA 专家更能告诉我们突变的详情，还分门别类。可是突变的结果通常是基因坏掉，只有少见的机会是让基因变得更好。就一个物种而言，一旦发生有害的突变，要么就让它不表现，不影响个体生存，不流传，否则就会死亡，跟突变同归于尽；但是有利的突变，要让它有流传的机会，突变的结果才会保留下来，这才是进化的轨迹。问题是：生物如何剔除有害的突变和保存有利的突变?

　　进化的力量来自几个类型:除了突变跟天择以外,还有基因随着生物迁徙(有人称为基因流动),一个族群内部的基因型频率在每一个世代之间的随机变动(有人称为基因漂变),刻意的婚配(例如狗的配种),以及内共生。这些类型就像在平静的湖面投下小石子一般,湖面会产生绵绵不绝的涟漪,族群的基因组成也就随时处于变动状态。进化的力量要汇入族群的基因库,必须经过一个类似搅拌机的融合机制来吸纳,这个机制就是性。

性是进化的秘中之秘

　　达尔文在《物种起源》的绪论中写道:"我注意到现代生物与古代生物间的地质关系,它们似乎是解释物种起源的线索——有位伟大学者称之为秘中之秘(mystery of mysteries)。"后来达尔文提出来,这个秘中之秘,就是天择,或适者生存。进一步说,进化的关键在于"生物如何剔除有害的突变和保存有利的突变?"性即是剔除有害突变和保存有利突变的办法,借用达尔文的说法,我们也可以说:性,就是进化的秘中之秘。

基因大杂烩

性是什么？从进化观点来界定性的内涵，性是减数分裂时的基因重组，加上远缘杂交（图 12-3）。有性生殖可以让后代有缤纷的遗传组成，基因发生突变之后，无性生殖的物种只能累积突变；有性生殖则有机会排除不利的突变，例如淘汰掉集中多数突变的个体，族群中突变基因的数量就会减少，或是让突变隐藏在等位基因的羽翼之下，使它不至于对个体产生坏处。有性生殖还可以让有利的突变组合成比较有

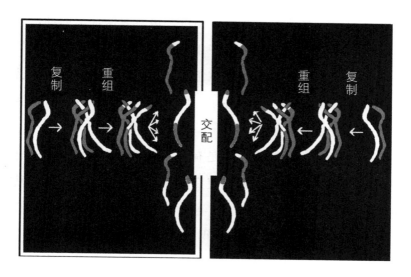

图 12-3 性让物种得到基因重组（框框之中）和远缘杂交（框框之间）的机会。

竞争力的后代。有性生殖有时候会配合性择进行，性择也许可以帮助选择有利于生存的基因，无性生殖则断无性择的可能。动物几乎都采用有性生殖，就算经常采用无性生殖的生物，也几乎都会在生活史当中的某个阶段进行有性生殖，本书第三章介绍的线虫、蚜虫就是例证。

当然，自然科学往往有例外，蛭形轮虫算是最有名的例外，全球淡水或湿土中都有它的踪迹，除了游泳之外，它还能爬行，动作有点像一种蛭，这正是它名字的由来。有些琥珀里头可以看到三四千万年前的轮虫化石。这种轮虫只有雌虫，没有雄虫，从来不曾有人发现它们进行有性生殖，或是减数分裂。它们已经利用无性生殖的方式存在于这个世界上 1 亿年了。有一种蜥蜴，整个族群由雌蜥组成，虽然有假性交的动作，其实也是进行无性生殖。近些年科学家在亚速尔群岛发现了一种豆娘，整个种族都由雌性组成，行无性生殖，科学家已经排除恶霸客感染的可能性了。但纵使有这些例外，有性生殖还是动物生殖的主流。

突变究竟对生物有益还是有害？通常的情况是对个体有害，但是对整个族群就要视突变的情况而定。原本可用的基因经过突变很可能永远损坏，这种突变就没有好处，但是有时候突变也会让基因的功能变得对生物体的生存很有帮助。

有个实验，让突变概率一高一低的两种大肠菌在小鼠小肠内繁殖，结果突变概率高的大肠菌繁殖数量比较多，表示突变有可能让生物更能适应环境，也许几千万个大肠菌当中只有几十个取得有利突变，其余的突变不是基因功能没改变，就是基因损坏，但是这些获利的突变个体就足以繁衍成一个族群。

越大型的物种，个体数量越有限，这时候母数不够大，因此各方面都适合生存的突变不容易发生在同一个体，需要有性生殖才可以借由基因重组让有利基因集中。反之，无性生殖的基因组成完全来自一个亲代，亲代如果有坏掉的基因，子代也只能承受，毕竟坏掉的零件靠突变回复的机会太低，因此基因的退化只会累积。早在1932年，美国遗传学家穆勒（Hermann J. Muller）就提出一种模型，称为穆勒齿轮——只能单向转动的齿轮，代表无性生殖时不利的突变只能累积，无法逆转，借以说明无性生殖的坏处（图12-4）。

穆勒齿轮

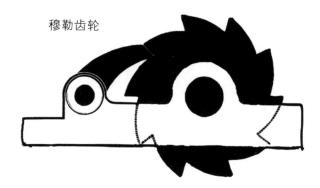

图 12-4　无性生殖的物种一旦发生基因突变，就只能累积突变，没有基因版本交换的机会。这种情形宛如穆勒齿轮一般，只能往一个方向转动，不能回转。

性一定要有足够的好处，否则就划不来了，因为性需要不小的代价。有性生殖要牺牲很多现成的便利，而且必须雌雄搭配成一组才能生育，等于花费了两倍的工作，成本很高。反观无性生殖，妈妈不必交配就可以生下女儿，省下了许多生育雄性的心力。有性生殖的前提是制造配子，因此要减数分裂，让二倍体的细胞分裂成单倍体的配子。减数分裂的过程长达 10 到 100 小时；一般的细胞分裂，或称有丝分裂，则只要 15 分钟到 4 个小时。减数分裂的时候同源染色体要成对排好、打断、交换、接上，这个过程必须完全精确，否则就无法传宗接代。比起无性生殖的细胞分裂，减数分裂麻烦多了。

性的好处

新西兰有一种淡水小蜗牛——泥蜗，生活在湖泊中，身上常常有小栓吸虫寄生。科学家找来生长在不同湖泊的无性生殖的泥蜗和吸虫，各两群，要看不同来源的吸虫对蜗牛的感染力有什么不一样。结果是，蜗牛比较容易被来自同一个湖泊的吸虫寄生，感染率约 60% 到 80%，被另一个湖泊的吸虫感染的机会分别只有一成和两成；如果细分蜗牛的品系，可以发现数量最少的品系感染率也最低；此外，如果某一个品系的蜗牛数量增加了，一年后它们的感染率也会随着升高。这个结果表明，同一个湖泊里的吸虫和蜗牛已经适应寄生的关系，是一种共同进化的结果，而这个进化的过程大约经过一年可以显现出来。另外比较有性生殖的泥蜗和无性生殖的泥蜗跟吸虫寄生的关系，可以发现有性生殖的泥蜗寄生率比较高。

这一个观察很有趣，恰好跟"红皇后假说"一致。《爱丽丝梦游仙境》的作者刘易斯·卡罗尔，在另一本著作《爱丽丝镜中奇遇记》当中，描述了一个奔跑如风的威严人物——红皇后。她紧紧拉着爱丽丝飞快地跑，却好像一直没有前进，爱丽丝不解地说（引自高宝书版中译版）：

> "嗯，在我们国家，如果你跑得很快很久的话，就像我们刚刚的情形一般，通常会到达另一个地方。"
>
> "喔！那真是一个慢国家！"红皇后答道，"现在，你看，在这里，你必须极力地跑才能维持在原地。假如你想到另一个地方去，就必须用比刚刚快两倍的速度跑！"

红皇后假说是什么意思？芝加哥大学的生物学家范·瓦伦（Leigh van Valen），研究海底化石时发现，动物是否灭种和它们的生存年代有多么久远无关，也就是说，物种不会因为生存年代久远就变好。进化压力随时在变，物种必须不断应付一直变动的进化压力才能够生存，而生物对手则是主要的压力来源。

基于这个想法，范·瓦伦提出"红皇后假说"，他的核心假定是寄生虫背负着强大的进化压力，它们花费很大的代

价瞄准基因型最普遍、数量最多的寄主，因此致命的寄生虫
会造成基因型最普遍的寄主数量减少，然后寄生虫只好转向
新的数量最多的寄主。在这个模型之下，寄生虫永远没有完
全掌握寄主的一天。寄主为了应付寄生虫，当然也必须竭尽
所能，在进化的步调上采取最迅速、最多样的方式，才能够
抵抗寄生虫。因此这是一场没有尽头的军备竞赛，为了这场
竞赛，为了产出拥有新式攻击和新式防御手段的下一代，必
须借重既可纳入远缘基因又能重组亲代基因的"性"，于是"性"
获得了保障，麻烦的有性生殖取代了简便但缺乏变化的无性
生殖。

从新西兰蜗牛跟寄生的小栓吸虫的关系，可以看到数量
最大的当地寄主感染率最高，同时有性生殖的族群感染率比
较高，跟红皇后假说不谋而合：原来它们正因为基因竞赛而
在共同进化之中。这个模型也适用于竞争的生物之间、猎食
者与猎物之间，以及人与病原之间的共同进化过程。

请注意一个复杂的关系，就是寄生虫的感染力跟致病力
很不容易平衡，如果致病力太强，造成宿主死亡，便是玉石
俱焚的结果，有人称之为自杀的国王——仔细看扑克牌红心K，
国王一剑举起来，直指自己太阳穴（图 12-5）。病原跟人的
关系也是这样，致病力太强的病原让人死亡，病原也就随之
失去活命的地方，无法共同进化出最佳的生存状态。因此在
红皇后和自杀国王面前，共同进化的两种生物之间的关系就
会有很多形态。如果只看一时，不一定是数量最多的当地寄

图 12-5　感染力和致病力往往是一刀的两面，因此入侵者对于宿主的感染力和致病力必须控制得恰到好处，否则宿主死了，自己也维持不下去。就像红心国王一刀举起来，却杀死了自己。

主有最多寄生物，也不一定是有性生殖比无性生殖更能容纳寄生关系，它们的关系是变动的。

寄生物和寄主之间的竞争可以经由性来开展，因为不管是病菌还是原虫，它们要入侵寄主进入细胞，通常要有合适的表面糖蛋白，那是由基因控制生产的一把钥匙；寄主方面则要有合适的受体，这是由基因控制生产的锁头。遇到打不开的锁，入侵者进不到寄主细胞内，会失去生命；只有一再变换钥匙形式的入侵族群才更有机会进入宿主细胞。寄主的锁头如果轻易被打开，也许很快就会死亡，经常变换锁头的寄主，才更有机会保存不被入侵的个体。在变换花样的过程中，比较有效的方法，就是引进新的基因、重组原有的基因，这正是有性生殖比较有利的理由。

纵使有性生殖应付天择的能力似乎比较优越，却仍有一些物种只采用无性生殖。无性生殖是许多动物偶尔会采用的生殖方式，越原始的动物越多见。但是完全采取无性生殖的动物则很少见，在已经命名的物种当中仅约千分之一属于这一类。在进化树上，真正只进行无性生殖的动物，是散见于进化末端的小叶子。它们是进化末端的物种，不再多样化，而且灭绝的可能性很高，所以种类很少。它们是在特定的生态下，为了加速繁殖，或是为了确保纯种，而产生的特例。

譬如有一种墨西哥鳉鱼，整个种族由二倍体（2n）雌鱼组成，仔细看一只这种鳉鱼（P. monacha-lucida，简称 ML），兼具父母的特征，表示遗传物质来自父母双方，但是它的卵里头只有妈妈给的 DNA，爸爸给的则都被排除。就个体而言，每只鱼都是混种，但是看它们的 DNA，整个种族的母系 DNA（M）并没有跟父系 DNA（L）混合、重组、交配，跟孤雌或雌核生殖类似。另外还有些品种的鳉鱼，整个种族是由三倍体（3n）雌鱼组成，女儿都是雌鱼的复制体，卵子还是需要借助其他种类的雄鱼提供的精子来启动胚胎发育，但精子的 DNA 不会进入卵子里面，这种生殖方式叫作雌核生殖。

　　整个种族只有雌性的物种，明明丧失了有性生殖可以带来的利益，为什么还能生存？那是因为在特定的环境中，有一种基因的组合恰好最能适应，例如，有些混种生成的全雌鳉鱼新种，就特别能在比较高的水温中生存，也有些刚好适合生存在两种祖先的栖息条件的中间地带，这时候唯有无性生殖可以让遗传组成固定下来，是最能保存遗传组成的生殖方式。无性生殖的物种当然还是会遭遇突变，但是真正让遗传组成大幅更动的重组、杂交等就因为没有性而没有发生，偶然发生的遗传组成就借着无性生殖保存下来了。

　　无性生殖的动物给我们的启示是，世界够大，足以证明进化虽然盲目，却具有十分强悍的生命力。进化的轨迹不一定就是进步的，不是推着婴儿车在单行道上缓缓前进，而是不断的变化，是足球赛场上那一颗球，忽左忽右，忽前忽后，进这个门也是一分，进那个门也是一分。变化的结果是大部分失去生存的机会，少数则取得适应的能力。达尔文说，天择指的是"自然发生的变异，凡有利于生物在栖息环境中生存的，就会保存下来，遗传到下一代"。为什么说"进化"不一定就是进步？从有性生殖变为无性生殖的鱼，可以说是一个例证。

我们是谁?

由于历史的波澜不断涌来,今日世界的许多地区(比如中国台湾地区)成为移民人口众多,而且移民潮前后持续许多年的社会。这样的社会有汇聚多元文化的优势,却也不免发生先来后到的龃龉。加上恶意的政治操弄,当权者故意制造利益不均的族群,让这些地区的历史不乏械斗、恐怖统治、差别对待、政客愚民语言等等损耗人民元气的怪象。

"族群"不是生物名词

人会有族群的观念,原也无可厚非,毕竟动物本来就乐于群体生活,共同生活的群体自然互相依属。自从人类文明诞生以来,在族群或种族之间,就有恃强凌弱的事实。不过真正造成灾难的,是给因为历史经验不同而划分的族群注入虚假的科学证据,再配合错误的解释,直想要将不同的族群界定成不同的物种。历来有许多想要用生物学的理由界定种族、判定种族优劣的企图,纵使如愿鼓动了群众的仇恨,甚至发展成制度化的屠杀,但是这种种违反自然的行动,终究会在历史温和的自我疗愈中逐渐熄火。人们总是在灾难发生过后发现,重要的是理念,是解决问题的办法,是价值观,而不是族群。可是谁说得准,新的火苗会不会在不同的时空之中诞生？

比如，美国几年前刚经历了该国历史上首次由非裔人士代表主要政党角逐总统的大戏。整个选举过程一直有针对白人选民与黑人选民进行的民调，例如选前五个月发布的一则新闻：由《华盛顿邮报》和美国广播公司联合进行的调查显示，黑人受访者有九成支持非裔候选人，只有7%支持白人候选人；白人受访者51%支持白人候选人，39%支持非裔候选人，云云。这类新闻或民调表示族群观念在美国依然存在，只要不利用科学的外衣包裹种族优劣的不实言论，或是假借虚构的历史挑起种族仇恨，就属社会常态。

古老的睿智哲人早就看出人类这种成群结党的习性，而且这种习性是多么消耗人类的潜能了，要不然怎么会有巴别塔的故事？《创世记》这样记载：

那时，天下人的口音、言语都是一样。他们往东边迁移的时候，在示拿地遇见一片平原，就住在那里。……

他们说："来吧！我们要建造一座城和一座塔，塔顶通天，为要传扬我们的名，免得我们分散在全地上。"……

耶和华说："看哪，他们成为一样的人民，都是一样的言语，如今既做起这事来，以后他们所要做的事就没有不成就的了。我们下去，在那里变乱他们的口音，使他们的言语彼此不通。"

于是耶和华使他们从那里分散在全地上；他们就停工，不造那城了。因为耶和华在那里变乱天下人的言语，使众人分散在全地上，所以那城名叫巴别（就是变乱的意思）。

　　这个故事一方面含有团结力量大的启示，或透露不团结则力量分散，成不了什么大事的遗憾；另一方面，却也隐含着多样性与分散的价值。一大伙人集中住在一个环境之下，说同样的话，酝酿同样的思想，做同样的事，很容易发展成偏颇的族群，或许言行偏激，或许失去对抗变化多端的疫病的免疫力。

　　偏颇的族群很麻烦。放眼天下，如今每年约有 20 场死亡人数超过一千人的战争，其中半数死亡超过一万人。虽说战争是政治的延伸，国家是政治的实体，可是全球的主要战事往往不是国与国之间的争斗，而是不同宗教信仰之间，或是经济联盟之间的冲突。语言有时候也成为冲突的来源，全球现有 6912 种语言，如果因为惯用语言不同就要开战的话，世界将不止分成一百九十几个国家可以了事。

　　追究一个人从哪里来，有其科学上的价值。拙著《认识 DNA》曾经叙述不同族群的人对一些药物会有不一样的反应。例如非洲有些族群，代谢特定药物的能力特别强，医生开了治疗艾滋病的药物给非裔病患，但是几乎没有疗效，后来才发现是因为基因型不同，对药物的代谢能力也不同。好几种治疗高血压的药物，对白人跟对黑人药效不同，有的对白人效果好，有的对黑人效果好。治疗癌症的药物也会因基因型差异而必须考虑药量，有些人的基因型代谢抗癌药物（如6MP）特别慢，若没有减量，血液中药物浓度太高，会造成器官衰竭甚至死亡。血缘相隔很远的族群多少会有基因型的差异，因而产生药效的差别。可见学者研究族群的基因分布情形，有其医学上的意义。

但是不同族群的基因型会出现差异这个事实，并不代表不同族群的人就会产生价值观的冲突。"理性"是现代人必须具备的特质，也是避免无谓冲突的良药。家人、同宗、族群等亲缘关系作为一种分享、互助的社会经济基础，当然非常实际，但拿来当作敌对丑化或掩护弊端的理由，则有违理性。

纳粹曾经主张日耳曼民族的优越性，借以蛊惑德国人，生物学上说不通的种族主义固然让他们取得政权，却也变成祸国殃民的根源。迄今为止，没有一种 DNA 序列，是仅存于某一个族群，更别说存在于该族群的每一分子身上；可以当作会员证来使用的 DNA 序列，并不存在。身为一种有性生殖的生物，人们往往曾有共同的祖先。既然我们都是性的产品，我们的祖先源流图就不是树形图，而是一种立体的网状结构，在这个网状结构当中，每一个人都有血缘关系。每一个现存人类直系的上一代是两个人，上两代是四个人，上十代约一千人，上二十代快要上百万人，就算其中有很多人既是父系也是母系，因而被重复计算，祖先人数也还是十分庞大的数字；再往前推十代、二十代，所有现存人类都分享了当时大部分人身上的一些 DNA（图 12-6），因此可以说，所有地球人都是一家人。有些人凡事喜欢牵扯族群，也许是误信血缘对人的表现果真有什么影响，更可能是为了蛊惑群众。达

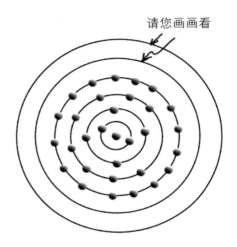

请您画画看

图 12-6　您是最中心那个圆点,如果往外一层就是往上推一代的话,
　　　　　没几代就有图示那么多个祖先。再往上一代的祖先有几名?
　　　　　请您拿起笔,画画看。

尔文指出,任意两个生物应该都可以追溯到一个共同的祖先。
我们也可以说,任意两个人如果没有找到共同的祖先,那是
因为追溯得不够远。达尔文胸怀天地,他的说法实在振聋启聩。

　　就别说族群这个政治名词不可能有生物学的定义了,即
使物种,总是生物学的名词了吧,但要如何定义也是一个大
问题。本书介绍过的一些生物,就正在经历物种形成的过程。
例如明明是同一种兰,却因为利用不同的虫媒,演变成彼此
无法交配的两个物种。17 世纪以来,科学家按林奈命名法则
取了 180 万个物种名称,这个数目还在增加中,其中一部分
新种就是来自物种形成,可见种是动态的观念。达尔文写《物

种起源》，他怎么看物种？"真正好笑的是，看那些博物学家提到物种的时候，他们的对物种的观念是多么不一样。"博物学家怎么定义物种？有的是依据外形，有的是依据子代繁殖的能力，或是依据玄妙的理论，达尔文在1856年给胡克的信中轻松写道："我相信原因就在于想要给一个无法定义的名词下定义。"在达尔文的心里，从"创世"以来，种就是变动的，种是会进化的。你看，物种都无法界定了，更何况物种之下还要细分的族群？

我们从哪里来？往哪里去？

专精于古代人类DNA的牛津大学遗传学家布莱恩·赛克斯（Bryan Sykes），一个极为著名的学者，曾参与冰人以及帝俄末代沙皇罗曼诺夫一家人遗骸的DNA鉴定，并且写作了许多本畅销的科普书籍。他试着利用Y染色体研究"赛克斯"这个姓氏的族谱。由于赛克斯在公元10世纪左右才出现，因此，布莱恩相信分析赛克斯先生们的Y染色体，应该可以追溯到一千年前的一个共祖，现存所有的赛克斯应该都是他的子孙。这是因为英国和中国传统上一样是父系社会，姓氏跟Y染色体都是循着父系遗传。

布莱恩从全国一万多名赛克斯先生身上随机取样，抽取了他们的DNA进行分析，结果奇怪的事情发生了：取样的对象当中，约半数拥有共同的Y染色体，是赛克斯原型，另一半则分为好几型的 Y。为什么会这样？只有一个可能：赛克斯夫人们出轨了。（布莱恩特别说明：我的 Y 可是赛克斯原型的。）他计算了每一代不忠的比例，得到一个数目：平均每一代约有 1% 的赛克斯夫人从其他人身上取得 Y 染色体——还好不是表面上看到的那么糟。人是活的，血缘也是活的，反正血缘不是人人必须高举的旗帜，也不是限制个人可能性的符咒，不需要强加过度的解释。

　　法国画家高更有一幅大型油画作品，长约三米七，宽近一米四，现藏于美国波士顿美术馆。图中以色彩艳丽的大溪地为背景，画面右方有一只黑狗，是画家的化身；一个婴儿及三个成人，象征我们从哪里来。中央左侧的人们正在探索我是谁这个问题。远方则有老耄的妇人，意味着迈向死亡。更远处是一座山，山下蜿蜒流过一条深蓝的河流，过了河是未知的彼岸。另外还有一些动物，以及一尊佛陀形象，代表人类的伙伴和宗教的力量。图的左上角用法文写着："我们从哪里来？我们是谁？我们往哪里去？"高更这幅最后的传世之作提出来的哲学问题，虽然没有固定的答案，却可以让我们深思。

（全文完）

〈附录〉专有名词对照

第一章　性，有时候是一种陷阱吗？

澳洲红背蜘蛛：*Latrodectus hasseltii*
螳螂：泛指 Mantid
性食同类：Sexual cannibalism
蜘蛛兰：*Ophrys sphegodes*
一种蜂，蜘蛛兰唯一的授粉媒介：sand bee, *Andrena nigroaenea*
鸟兰：*Chiloglottis trapeziformis*
一种黄蜂：*Neozeleboria cryptoides*

第二章　命定的性，命定的阶级

蜜蜂：*Apis mellifera*
单双倍体性别决定系统：Haplodiploid sex determination system
收获蚁：Pogonomyrmex
卵素：Vitellogenin
青春素：Juvenile hormone

第三章　性跟生殖可以自己来吗？

线虫：在本章专指 *Caenorhabditis elegans*
蚜虫：泛指 Aphid
豌豆蚜：*Acyrthosiphon pisum Harrisn*
干母：Foundress, Stem mother
性母：Sexupara

第四章　处女生殖是怎么一回事?

孤雌生殖：Parthenogenesis

科莫多巨蜥：Comodo dragon, *Varanus komodoensis*

双髻鲨：Hammerhead shark, *Sphyrna tiburo*

第五章　变男变女变变变

国王鲑鱼：Chinook salmon, *Oncorhynchus tshawytscha*

基因工程：Genetic engineering

转基因：Gene transfer

雌核生殖：Gynogenesis

雄核生殖：Androgenesis

亚马孙花鳉：Amazon molly, *Poecilia formosa*

莫三比吴郭鱼：*Oreochromis mossambica*

尼罗吴郭鱼：*Oreochromis nilotica*

奥利亚吴郭鱼：*Oreochromis aurea*

荷那龙种吴郭鱼：*Oreochromis hornorum*

红色吴郭鱼，俗称红尼罗鱼：Red Tilapia

黑边吴郭鱼：*Tilapia rendalli*

吉利吴郭鱼：*Tilapia zillii*

鬃狮蜥：*Pogona vitticeps*

第六章　性的起源：细菌有性生活吗?

肺炎球菌：*Strepcoccus pneumontoia*

墨西哥穴鱼：Mexican cavefish, *Astyanax mexicanus*

转化：Transformation

接合：Conjugation

转导：Transduction

万古霉素：Vancomycin

苯唑西林钠：Prostaphlin（属 Oxacillin 家族）

第七章　最初的有性生殖

原核，没有细胞核：Prokaryot

真核，有细胞核：Eukaryot

古菌：Archaea

细菌：Bacteria

吞噬细胞：Chronocyte

内共生：Endosymbiosis

酵母菌：*Saccharomyces cerevisiae*

重组：Recombination

西塔隐藻：*Guillardia theta*

核形体：Nucleomorph

顶复门：*Apicocomplexa*

顶复门特有的质体：Apicoplast

疟原虫：泛指 *Plasmodium*

第八章　抢钱、抢粮、抢娘们的恶霸客

恶霸客：*Wolbachia*

土鳖，即鼠妇：*Armadillidium vulgare*

两种亲缘关系相近的黄蜂：*Nosonia giraulti, Nosonia longicomis*

丝虫：在本章指盘尾丝虫，*Onchocerca volvulus*

盘尾丝虫病：Onchocerciasis

河盲：River blindness

第九章　X、Y，到底是什么东西？

Y 染色体男性特区：Male specific region of Y
X 退化区：X-degenerate
X 转位区：X-transposed
扩增区：Ampliconic
回文序列：Palindrome
基因转换：Conversion
果蝇：在本章指 *Drosophila melanogaster*
无果基因：*fruitless, fru*

第十章　一场关于变性的无妄之灾

睾固酮：泛指 Testosterone 和 dihydrotestosterone
性别二相核：Sexually dimorphic nucleus
先天肾上腺增生症：Congenital adrenal hyperplasia

第十一章　基因可以决定性取向吗？

表达体抑素的神经元：somatostatin-expressing neurons
变性人：Transexual
印记基因：Imprinting gene
果蝇（黄果蝇或黑腹果蝇）：在本章指 *Drosophila melanogaster*
基因靶向：Gene targeting

第十二章　性的世界

古今同一律，又称均变说：Uniformitarianism

性择：Sexual selection

亮丽鲷：*Lamprologus callipterus*

长尾侏儒鸟：long-tailed manakin

鳉：*Poeciliopsis monacha-lucida*

新西兰泥蜗：*Potamopyrgus antipodarum*

小栓吸虫：Trematode parasite (*microphillus sp.*)

红皇后假说：Red queen hopothesis

远缘杂交：Outbreeding

主要参考资料

第一章　性，有时候是一种陷阱吗？

*Katherine L. Barry et al. Female praying mantids use sexual cannibalism as a foraging strategy to increase fecundity. Behavioral Ecology 2008 19(4): 710-715

*Maydianne C. B Andrade et al. Novel male trait prolongs survival in suicidal mating. Biol Lett. 2005; 1: 276-279.

*Schiestl FP et al. The Chemistry of Sexual Deception in an Orchid-Wasp Pollination System. Science 2003; 302: 437-438.

*Heidi Ledford. The flower of seduction Nature 2007; 445: 816-817.

*Matthew J. G. Gage. Evolution: Sex and Cannibalism in Redback Spiders. Current Biology 2005; 15: 16: R630-632.

第二章　命定的性，命定的阶级

* 蜂业总说，台湾地区"农委会"网站 http://kmintra.coa.gov.tw/

*Martin Beye et al. The Gene csd Is the Primary Signal for Sexual Development in the Honeybee and Encodes an SR-Type Protein. Cell (2003) 114: 419-429.

*Soochin Cho et al. Evolution of the complementary sexdetermination gene of honey bees: Balancing selection and transspecies polymorphisms. Genome Res. 2006 16: 1366-1375

*Jan Dzierzon. Dzierzon's rational bee-keeping, or, The theory and practice of Dr. Dzierzon（英译本）. Houlston & sons, London: 1882.(http://bees.library. cornell.edu/b/bees/browse.html)

*Nelson CM et al (2007). The Gene vitellogenin Has Multiple Coordinating Effects on Social Organization. PLoS Biol 5(3): e62

第三章　性跟生殖可以自己来吗？

*V. Prahlad, D. Pilgrim & E. B. Goodwin. Roles for Mating and Environment in C. elegans Sex Determination. Science 2003 302: 1046-1049.

*T Guillemaud et al. Spatial and temporal genetic variability in French populations of the peach-potato aphid, Myzus persicae. Heredity (2003) 91, 143-152.

*Braendle, C, Davis, GK, Brisson, JA and DL Stern (2006) Wing dimorphism in aphids. Heredity 97: 192-9

第四章　处女生殖是怎么一回事？

*Watts PC. Parthenogenesis in Komodo dragons. Nature 2006; 444: 1021-1022.

*Chapman DD et al. Virgin birth in a hammerhead shark. Biol let 2007; doi:10.1098/rsbl.2007.0189 published online

*Kitai Kim et al. Recombination Signatures Distinguish Embryonic Stem Cells Derived by Parthenogenesis and Somatic Cell Nuclear Transfer. Cell Stem Cell, Vol 1, 346-352, 13 September 2007.

第五章　变男变女变变变

*James J Nagler et al. High Incidence of a Male-Specific Genetic Marker in Phenotypic Female chinook Salmon from the Columbia River. Environmental Health Perspectives 2001; 109: 61-69.

*Ingo Schlupp, Rudiger Riesch, and Michael Tobler. Amazon mollies.

Current Biology 2007; 17: R536-R537.

*FOOD AND AGRICULTURE ORGANIZATION OF THE UNITED NATIONS. http://www.fao.org/fishery/topic/14796

*Andrey Shirak et al. Amh and Dmrta2 Genes Map to Tilapia (Oreochromis spp.) Linkage Group 23 Within Quantitative Trait Locus Regions for Sex Determination. Genetics 2006; 174: 1573-1581.

*Alexander E. Quinn et al. Temperature Sex Reversal Implies Sex Gene Dosage in a Reptile. Science 2007; 316: 411.

*C. Pieau. TEMPERATURE VARIATION AND SEXDETERMINATION IN REPTILIA. BioEssay (1996) 18: 19-26

第六章　性的起源：细菌有性生活吗?

*Avery OT, MacLeod CM, McCarty M(1944) Studies on the chemical nature of the substance inducing transformation of pneumococcal types. Induction of transformation by a desoxyribonucleic acid fraction isolated from Pneumococcus type III. J Exp Med 79: 137-158.

*Redfield, R. J. 2001. Do bacteria have sex? Nature Reviews Genetics 2: 634-9.

* 沃森。双螺旋，DNA 结构发现者的青春告白。原著 1968，中译本时报出版，1998。

*T. Dagan et al. Modular networks and cumulative impact of lateral transfer in prokaryote genome evolution. Proceedings of the National Academy of Sciences, 105 (29), 2008, p. 10039

第七章　最初的有性生殖

*Hyman Hartman et al. The Origin of the Eukaryotic Cell: A Genomic Investigation. Proc. Natl. Acad. Sci. USA, Vol. 99, Issue 3, 1420-1425,

February 5, 2002

*Ronald E. Pearlman. Lessons from a small genome. Nature Genetics 2001:28, 6-7.

*Noriko Okamoto and Isao Inouye. A Secondary Symbiosis in Progress? Science 2005; 310: 287.

*Richard E. L. Paul et al. Plasmodium sex determination and transmission to mosquitoes. TRENDS in Parasitology 2002; 18:1:32-38.

第八章　抢钱、抢粮、抢娘们的恶霸客

*Werren J. H. (1997). Biology of Wolbachia. Annual Review of Entomology 42: 587-609

*Bordenstein SR, O'Hara FP, Werren J.H. Wolbachia-induced incompatibility precedes other hybrid incompatibilities in Nasonia. Nature 2001; 409: 707-710.

*Martin Enserink. MOSQUITO ENGINEERING: Building a Disease-Fighting Mosquito. Science 2000; 290: 440-441.

*BORDENSTEIN, S. R., F. P. O'HARA & J. H. WERREN. Wolbachia-induced incompatibility precedes other hybrid incompatibilities in Nasonia. Nature 409, 707-710 (2001).

第九章　X、Y，到底是什么东西？

*Tariq Ezaz et al. Relationships between Vertebrate ZW and XY Sex Chromosome Systems. Current Biology 2006; 16: R736-R743.

*Devlin, R. H.,and Nagahama, Y. Sex determination and sex differentiation in fish: an overview of genetic, physiological, and environmental influences. Aquaculture 2002; 208: 191-364.

*Skaletsky H. et al. The male specific region of the human Y chromosome is a mosaic of discrete sequence classes. Nature 2003, 423: 825.

*Rozen S. et al. Abundant gene conversion between arms of palindromes in human and ape Ychromosomes. Nature 2003, 423: 873

*Zerjal Tatiana et al. The genetic legacy of the Mongols. AM J Hum Genet 2003; 72: 717-723.

*Ivan Nasidze et al. Genetic Evidence for the Mongolian Ancestry of Kalmyks. AM J Phys Anthropol 2005; 126: 846-854.

*Raymond CS, Kettlewell JR, et al. 1999 A region of human chromosome 9p required for testis development contains two genes related to known sexual regulators. Hum Mol Genet. 8: 989-996.

* 暴风雨, 这张图可在下列网页看到: http://www.metmuseum.org/ Works_Of_Art/viewOneZoom.asp?dep=11&zoomFlag=0&viewMode=1&item=87.15.134

第十章　一场关于变性的无妄之灾

*Diamond, Milton et al. Sex reassignment at birth: longterm review and clinical implications. Arch Pediatr Adolesc Med. 1997; 151: 298-304.

*The Boy who was Turned into a Girl. BBC2 9.00pm Thursday 7th December 2000. http://www.bbc.co.uk/science/horizon/2000/ boyturnedgirl_transcript.shtml

*Jacobson CD, Gorski RA et al. Ontogeny of the sexually dimorphic nucleus of the preoptic area. J Comp Neuro 1980, 193: 541-548.

*Reiner WG. Gender Identity and Sex-of-rearing in Children with Disorders of Sexual Differentiation. Pediatr Endocrinol Metab 2005; 18(6): 549-553.

*Swaab DF et al. A Sexually Dimorphic Nucleus in the Human Brain. Science 1985; 228: (4703) 1112-1115.

第十一章 基因可以决定性取向吗?

*Hamer, D. H.;Hu, S.; Magnuson, V. L.;Hu, N.;Pattatucci, A. M. L.:A linkage between DNA markers on the X chromosome and male sexual orientation. Science 261: 321-327, 1993.

*Hu, S.;Pattatucci, A. M. L.;Patterson, C.;Li, L.;Fulker, D. W.;Cherny, S. S.;Kruglyak, L.;Hamer, D. H.:Linkage between sexual orientation and chromosome Xq28 in males but not in females. Nature Genet. 11: 248-256, 1995.

*Mustanski, B. S.;DuPree, M. G.;Nievergelt, C. M.;Bocklandt, S.;Schork, N. J.;Hamer, D. H.:A genomewide scan of male sexual orientation. Hum. Genet. 116: 272-278, 2005.

*Ebru Demir and Barry J. Dickson. Fruitless Splicing Specifies Male Courtship Behavior in Drosophila. Cell 2005; 121: 785-794.

*Petra Stockinger and Barry J. Dickson et al. Neural Circuitry that Governs Drosophila Male Courtship Behavior. Cell 2005; 121: 795-807.

*Jai Y. Yu and Barry J. Dickson. Hidden female talent. Nature 2008; 453: 41-42.

第十二章 性的世界

*Charles Darwin: "The sight of a feather in a peacock's tail, whenever I gaze at it, makes me sick!" in a letter to botanist Asa Gray, April 3, 1860

*Dybdahl, M. F. and A. Storfer. 2003. Parasite local adaptation: Red Queen versus Suicide King. Trends in Ecology and Evolution 18(10): 523-530

*Vrijenhoek, R. C.,1998 Animal clones and diversity. Bioscience 48: 617-628.

* 高更这张图, 可以在下列网页看到: http://www.artchive.com/artchive/G/gauguin/where.jpg.html

*Nicholas H Barton et al. Evolution. CSHL Press 2007.

* 王道还。达尔文作品选读。诚品 1999。

*Mark F. Dybdahl and Andrew Storfer. Parasite local adaptation: Red Queen versus Suicide King. TRENDS in Ecology and Evolution Vol. 18 No. 10 October 2003

*Curtis M. Lively et al. Host Sex and Local Adaptation by Parasitesin a Snail-Trematode Interaction. Am. Nat. 2004. Vol. 164, pp. S6-S18.

*Robert C Vrijenhoek. Animal Clones and Diversity: Are natural clones generalists or specialists? Bioscience 1998; 48: 617-628.